# UNA TEORÍA MATEMÁTICA DE LA SOSTENIBILIDAD Y EL DESARROLLO SOSTENIBLE

# UNA TEORÍA MATEMÁTICA DE LA SOSTENIBILIDAD Y EL DESARROLLO SOSTENIBLE

Ricardo Alvira Baeza

Portada. Fotografía de fondo *Malabaristas da Cidade*. Autor: Tiago Celestino [Licencia CC BY 2.0]

2ª edición 2021

ISBN-13: 9781497578142

ISBN-10: 1497578140

*Este libro está, por supuesto, dedicado a Mónica.*

*También a todos aquellos que de una manera u otra han ayudado a hacer posible este trabajo: familia, amigos, profesores, colegas..., sin olvidar a aquellos que estudiaron este tema anteriormente y cuyo trabajo previo facilita la tarea de aquellos que llegamos después.*

**RESUMEN E ÍNDICE**

# RESUMEN

En los últimos tiempos los problemas asociados al *desarrollo* de la sociedad humana han hecho evidente que el modelo actual presenta serios problemas de ineficiencia en el uso de recursos escasos y necesarios, y puede ser imposible 'sostenerlo' en el largo o incluso medio plazo.

Como consecuencia han aparecido diferentes acercamientos que, agrupados bajo los términos *Sostenibilidad* y *Desarrollo Sostenible,* proponen soluciones que buscan maximizar el uso eficiente de los recursos, incrementando tanto los efectos positivos del desarrollo como la capacidad de perdurar.

Y aunque la abundante producción científica muestra la importancia que se le está dando a esta cuestión, su revisión también muestra un *conocimiento tremendamente fragmentado,* algo que es preocupante por varios motivos:

- Desde la **perspectiva científica,** *la falta de conexión entre diferentes afirmaciones reduce su poder heurístico;* las afirmaciones no relacionables son difícilmente re-combinables, reduciéndose su capacidad de generar nuevo conocimiento.
- Desde la **perspectiva de sostenibilidad,** *la desconexión entre las diferentes propuestas sectoriales impide su consideración en conjunto,* socavando la principal cualidad de la sostenibilidad: el enfoque holístico en el cual *el todo siempre es diferente a la suma de las partes.*

Esta desconexión y fragmentación de los modelos conceptuales se transmite a los modelos matemáticos, que miden diferentes cuestiones y de diferente manera, proporcionando resultados que no coinciden aun cuando son aplicados a la misma realidad.

Y esto constituye un problema de considerable envergadura, porque las sociedades humanas están continuamente decidiendo sus acciones, y para que el desarrollo sea sostenible la Sostenibilidad debe ser un parámetro central en la toma de decisiones, pero... ¿cómo hacerlo si diferentes modelos proporcionan diferentes valores llevando a diferentes decisiones?

**La abundancia de propuestas no ordenadas entre sí está generando una situación de incertidumbre, en la que la capacidad de los modelos de permitir dirigir el desarrollo se ve considerablemente minorada por el hecho de que diferentes modelos implican afirmaciones diferentes, llevando a que una gran cantidad de conocimiento tenga una eficacia muy reducida.**

Este desorden está generando *ruido* más que una *diversidad de opciones* y nos aproxima a nuestra principal hipótesis del presente texto; *es necesario acometer una formalización del conocimiento científico de la sostenibilidad.*

Para ello, nos basaremos en la conceptualización *Sistema Socio Ecológico* [SSE] que nos permitirá modelizar un amplio rango de sistemas [desde una asociación de vecinos, hasta un país, pasando por empresas, municipios, etc..].

*Sin embargo, los SSE son sistemas reales y cualquier teoría referida a ellos incorporará la Subjetividad e inexactitud inherentes a las ciencias factuales [referidas a la realidad], que podrían hacer que las conclusiones de la presente teoría no fueran totalmente aceptadas.* Para evitarlo, se ha decidido formular la teoría dividida en dos partes:

En la primera parte, se formula una teoría referida a *un tipo de sistemas conceptuales suficientemente parecidos a los SSE*; los **Sistemas Adaptativos [SA]**

Esto nos permitirá elaborar completamente una *teoría de tipo formal o matemático,* que incluirá una metodología y principios claros para cuantificar la sostenibilidad de dichos sistemas. Para ello, seguiremos tres pasos:

- revisaremos diferentes teorías científicas que nos permitirán acercarnos progresivamente a la caracterización tanto de la Sostenibilidad como de los Sistemas Adaptativos.
- propondremos un Sistema de Definiciones y Axiomas, que nos servirán como Premisas para la formalización de la Teoría.
- desarrollaremos la Teoría, cuyas proposiciones serán deducidas del Sistema de Definiciones y Axiomas; la Teoría Matemática se considerará *demostrada* en relación al Sistema de Premisas.

En la segunda parte, revisaremos las cuestiones que será necesario considerar para poder **aplicar la Teoría a los Sistemas Socio Ecológicos [SSE]:**

- revisaremos un modelo que nos permitirá ver la facilidad de realizar modelos aplicados a los SSE siguiendo las propuestas de la teoría.
- desarrollaremos especialmente las cuestiones necesarias para poder utilizar los modelos en procesos de toma de decisiones colectivas.

Algunas de las **aportaciones principales** del presente texto son las siguientes:

- Propuesta del **procedimiento detallado para el diseño de modelos de evaluación de la sostenibilidad** incluyendo:
  - o Descomposición lógica de la sostenibilidad
  - o Determinación de variables relevantes
  - o Diseño de indicadores de sostenibilidad
  - o Fórmulas para la agregación de indicadores.
- Enumeración y descripción de las **cuestiones que deben cumplir los modelos orientados a los SSE:**
  - o *Descomposición lógica de la Sostenibilidad* en dimensiones
  - o *Metodología para utilizar los modelos operativos en procesos de toma de decisiones colectivas.*

# ÍNDICE

## ÍNDICE DE FIGURAS, DIAGRAMAS  E IMÁGENES

**FIGURAS**

## DIAGRAMAS

## IMÁGENES

# PRESENTACIÓN

## SOBRE LA INDEFINICIÓN DEL TÉRMINO "SOSTENIBILIDAD"

Probablemente sea a partir del Informe Brundland (1987) cuando se empieza a considerar de forma cada vez más importante el hecho de que, "está en manos de la humanidad hacer que el desarrollo sea sostenible para asegurar la satisfacción de las necesidades del presente sin comprometer la capacidad de las generaciones futuras para satisfacer las suyas". En esta frase se encuentra el origen de muchos planteamientos actuales y, en concreto, de aquellas cuestiones relacionadas con la llamada "sostenibilidad".

Durante algunos años fueron constantes los intentos de concretar el alcance del término. Primero se habló de "ecodesarrollo", aunque la expresión "desarrollo sostenible" les gustaba más a los economistas y fue la que se impuso. Y se impuso porque, de hecho, implicaba la posibilidad de un uso ambiguo del tema. Aparte de la contradicción que suponía reunir en la misma expresión las palabras "desarrollo" y "sostenible", sobre todo porque ya en el informe del Club de Roma sobre los Límites del Crecimiento (1972) se había considerado la escasa viabilidad del crecimiento como objetivo económico. Algunos empezaron a utilizar la palabra "sostenibilidad" sin hacer mención a la de "desarrollo". Y sin que se fijara en ningún momento su contenido empezaron a aparecer algunas voces discrepantes que dieron origen a dos corrientes. La primera, denominada sostenibilidad débil se basaba en la idea tradicional de alcanzar cierto nivel de desarrollo para poder aplicar medidas de control ambiental y ecológico. La segunda, la sostenibilidad fuerte, se ocupaba básicamente de la salud de los ecosistemas que hacen posible la existencia de la vida humana.

De cualquier forma, la indefinición es la tónica cuando se plantea el tema. Este hecho, unido a la utilización indiscriminada del término (fábricas de coches sostenibles, juguetes sostenibles, equipos de fútbol sostenibles...) hizo que cayera en un franco descrédito. De forma que, a unos años pujantes en los que parecía que un nuevo paradigma había alumbrado en el mundo contemporáneo, le sucedieron otros en los que se adoptó como lugar común sin capacidad de cambiar nada. La pregunta sería ¿cuál ha sido la causa de que esto haya sucedido? En primer lugar, la separación ya comentada entre sostenibilidad fuerte y débil, como si fuera posible otra sostenibilidad distinta de la relacionada con la justicia intergeneracional, interterritorial y social. Ya se ha comentado que todo empezó por el tema de la justicia con las generaciones futuras. Pero pronto se diferenció entre sostenibilidad local y global lo que permitía atender a la "sostenibilidad" de "nuestro territorio" sin considerar para nada de lo que ocurriera fuera de nuestras fronteras. Y, además, sin importar que los ricos consumieran más que los pobres. Era evidente que el binomio sostenibilidad local – sostenibilidad global era otro elemento más para contribuir a la ceremonia de la confusión.

De forma que, poco a poco, el término se fue vaciando de contenido. La verdad es que nunca (excepto, en parte, en el caso del ecologismo) se llegó a definir con alguna claridad el alcance del término. Y, además, al pasar a formar parte del acervo popular se convirtió en un lugar común para referirse a muchas cosas. Este libro pretende romper con una situación "insostenible". Y lo hace intentando dotar de contenido científico al término llegando al extremo de cuantificar eso que vagamente se llama sostenibilidad.

Para ello el autor recurre a los llamados Sistemas Adaptativos, muy parecidos conceptualmente a los Sistemas Socio Ecológicos. Esto, citándolo literalmente, "nos permitirá elaborar completamente una teoría de tipo formal o matemático, que incluirá una metodología y principios claros para cuantificar la sostenibilidad de dichos sistemas". Justamente este párrafo contiene los dos elementos clave que avalan la importancia de este libro. El primero se refiere a la necesidad de elaborar una teoría de la sostenibilidad. Ante las posturas parciales, muchas veces interesadas (cuando no ideológicas en el peor sentido del término), el intento de proponer una teoría formal de carácter global que permita una discusión desde el punto de vista científico, es lo primero que hay que agradecer al autor. Luego desarrolla la forma de poder aplicarlo a los Sistemas Socio Ecológicos.

El segundo elemento que destaca es la posibilidad de cuantificación del sistema. Para ello es clave la propuesta de una metodología que se desarrollará a lo largo del texto, determinando variables y diseñando indicadores que nos permitan llegar a cuantificar. Para ello será también necesario desarrollar fórmulas que nos permitan agregar los indicadores. Se trata pues de dos elementos claves para salir de la indefinición y la ambigüedad en el que se encuentra en estos momentos el paradigma llamado de la "sostenibilidad".

Y es que, a día de hoy, hablar de sostenibilidad ha quedado prácticamente reducido a mencionar una y otra vez la expresión "cambio climático" o "crisis climática". Probablemente sea lógico ya que el clima es algo que se puede percibir, del que existe una historia con datos y anotaciones, y que los medios de comunicación pueden explotar para conseguir mayores audiencias. Pero ello no quiere decir que no sea más que una de las consecuencias de la enfermedad del planeta. Es evidente que no es posible mantener en el tiempo que consumamos más de lo que el planeta es capaz de darnos. Está siendo posible en el momento actual ya que estamos en una fase de consumo de los ahorros que durante miles de años el planeta ha estado guardando como en una caja de caudales: sumideros de contaminación, biodiversidad, combustibles fósiles... Pero estos recursos empiezan a agotarse y, además, su excesivo consumo tiene consecuencias. Una de ellas es, precisamente, el cambio climático.

Resultan necesarios trabajos como el que el autor nos propone. Es necesario salir de la indefinición en la que se encuentra el término "sostenibilidad" para poder acometer las reformas necesarias en aquellos temas o lugares que sea preciso y en los que se detecten los problemas mayores. Cuantificar es básico, pero también es básico consensuar las variables necesarias para conseguirlo, la forma de medirlas y los sistemas que permitan agregar indicadores para obtener resultandos globales que no den lugar a interminables discusiones. Para ello, por supuesto, es necesario que la comunidad científica sea capaz de establecer un diagnóstico y proponga las posibles soluciones con sus ventajas e inconvenientes para que la sociedad decida con conocimiento suficiente.

Para terminar esta presentación de un libro que considero importante porque señala caminos, me gustaría referirme a un tema que, normalmente se obvia, pero que sin su consideración probablemente nada sea posible. Ya he mencionado en el párrafo anterior la necesidad de que la "sociedad decida con conocimiento suficiente". Esta misión didáctica del científico y del técnico que consiste en bajar de su pedestal y explicar el significado real de sus propuestas, es imprescindible como complemento de estudios serios y rigurosos como este. He escrito "complemento" pero, en realidad, no estamos hablando de un complemento sino de algo que debería de estar en la esencia de un nuevo modelo (otro más) de gobernanza y participación. Nuevo modelo del que el autor se ha ocupado también en otras ocasiones.

El tiempo se acaba. Y no me refiero solo a la llamada Crisis Climática sino a la posibilidad de actuar con efectividad para revertir situaciones que se han vuelto insostenibles. Las páginas que siguen estoy seguro contribuirán a conseguirlo.

JOSÉ FARIÑA TOJO

Catedrático de Universidad

Profesor Emérito de la UPM

Premio 2020 de la organización Passive and Low Energy Architecture

# 1 INTRODUCCIÓN Y PLANTEAMIENTO GENERAL DEL TEXTO

## 1.1 INTRODUCCIÓN

En los últimos tiempos los problemas asociados al *desarrollo* de la sociedad humana han hecho evidente que el modelo actual presenta serios problemas de ineficiencia en el uso de recursos escasos y necesarios, y que puede ser imposible *sostenerlo* en el largo o incluso medio plazo.

Como consecuencia, han aparecido diferentes acercamientos que agrupados bajo los términos *Sostenibilidad* y *Desarrollo Sostenible* proponen soluciones que buscan maximizar la eficiencia en la utilización de los recursos, incrementar los efectos positivos del desarrollo y la capacidad de perdurar.

Y aunque la abundante producción científica y proliferación de modelos de evaluación de la sostenibilidad pueden ser consideradas un avance hacia la consecución de instrumentos para reducir la insostenibilidad de la civilización actual, su revisión muestra algunas características preocupantes:

La primera es **la excesiva fragmentación del conocimiento producido**; la gran diversidad de enfoques revela diferentes percepciones de cuáles son las cuestiones fundamentales, y lleva a *afirmaciones que no es posible relacionar entre sí,* imposibilitando su utilización conjunta[1].

Pese a que en determinadas cuestiones la existencia de puntos de vista diferentes es algo positivo [incrementa las opciones disponibles], podemos afirmar que la actual *excesiva diferenciación sin estructura en relación a la Sostenibilidad no está generando diversidad de opciones sino ruido:*

- le está reduciendo su poder heurístico[2].
- se transmite a los modelos matemáticos, que proporcionan resultados diferentes aun cuando son aplicados a la misma realidad.

Además, es extremadamente difícil analizar esta *heterogeneidad de resultados* siguiendo un criterio riguroso puesto que pocos modelos explicitan suficientemente las premisas de las que parten.

La segunda es la frecuentemente escasa **contrastación de las afirmaciones** en gran parte como resultado directo de la fragmentación anterior; no es posible comparar entre sí los resultados de modelos que consideran que las cuestiones importantes son diferentes.

Pero también por algo interiorizado por muchos científicos; la convicción de que las ciencias sociales no admiten [o quizás no requieren] la contrastación[3]. *Cuando se revisan las afirmaciones referidas a la sostenibilidad muchas de ellas carecen de la más mínima contrastación.*

Y la tercera es que **la mayoría de las propuestas no son operativas**, lo que contrasta con el hecho de que el desarrollo de los Sistemas Socio Ecológicos [SSE][4] es esencialmente *dirigido*; implica la toma de decisiones continua, y la sostenibilidad debe incorporarse en la mayoría de los procesos de decisión.

---

[1] Entre otras cuestiones porque no están claras cuáles podrían ser las reglas para combinar dichas afirmaciones o conocimiento.

[2] La falta de *estructura* reduce el efecto positivo de dos valiosas características del conocimiento *compartido*: la retroalimentación y el efecto exponencial de la acumulación de conocimiento; su capacidad de constituir una base común sobre la que seguir construyendo.

[3] Según Popper [1935] esta sería la característica fundamental de un enunciado científico: "ser susceptible de revisión; es decir, poder someterlo a crítica y perfeccionarlo o reemplazarlo por otro mejor".

[4] Podemos definir los *Sistemas Socio Ecológicos* como *cualquier forma de organización estable que incluya personas que interactúan entre ellas y con su entorno,* y la actual ocupación humana del territorio nos permite considerar que abarcan la totalidad del planeta.

Pero además las pocas propuestas operativas recogen la cuestión comentada anteriormente; se desarrollan a partir de diferentes premisas y consecuentemente llevan a diferentes preferencias, imposibilitando [o dificultando mucho] su utilización *racional* en procesos de toma de decisiones[5].

**La insuficiente contrastación, falta de relación entre las diferentes propuestas y el hecho de que muy pocos modelos sean operativos, nos ha llevado a una situación en la que la capacidad de la sostenibilidad de constituir un criterio de decisión racional se halla muy limitada.**

Solucionarlo va a requerir actuar en tres líneas que se corresponden con las cuestiones comentadas, y que podemos resumir brevemente como:

- A **nivel global**, es necesario definir un *marco que permita relacionar los diferentes acerca-mientos parciales a la Sostenibilidad.*
- En el **nivel de las propuestas individuales,** es necesario que los diferentes modelos e indica-dores *contrasten sus resultados e incorporen mecanismos de corrección de errores.*
- Transversalmente, es necesario potenciar su **carácter operativo** *integrando la Sostenibilidad con la Teoría de la Decisión, diseñando metodologías que permitan convertirla en un paráme-tro fácilmente utilizable en la mayoría de procesos de toma de decisiones.*

**Podemos resumirlo diciendo que es necesaria la formalización científica de la sostenibilidad, que deberá realizarse de manera coherente e integrándose con la Teoría de la Decisión, permitiendo que los modelos desarrollados sean utilizables en los procesos habituales de decisión en los SSE.**

Y *la presente Teoría, pretende constituir un primer paso en dicha dirección,* estableciendo principios que permitan comprender y aprender a modelizar la sostenibilidad, incluyendo indicaciones para la modelización de SSE y diseño de modelos orientados a procesos de toma de decisiones.

Vamos pues en primer lugar a revisar brevemente las características del proceso que seguiremos para la *formulación* de la Teoría.

---

[5] El problema es evidente; si dos modelos propuestos por organismos igual de prestigiosos llevan a diferentes órdenes de preferencia, la decisión será necesariamente contraria a la decisión que aconsejaría al menos uno de dichos modelos. Según uno de dichos modelos; no es la decisión correcta.

## 1.2 PLANTEAMIENTO GENERAL DEL TEXTO

El planteamiento del texto nos permite diferenciar dos partes:

En la primera parte, desarrollamos una **teoría lógico matemática** que revisa la **sostenibilidad de los Sistemas Adaptativos** [SA], esquema conceptual suficientemente 'parecido' a los SSE, y que nos permitirá posteriormente aplicar sus conclusiones referidas a este tipo de sistemas. Es la parte principal del texto y seguimos el siguiente esquema[6]:

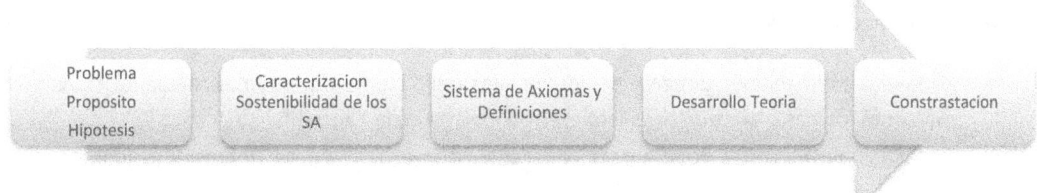

*Diagrama 01: Proceso para la formulación de la Teoría*

Vamos a ver cada parte del **proceso** en detalle:

La presente Teoría se formula con el **propósito** de contribuir al desarrollo sostenible de los SSE, y porque existe un **problema de conocimiento**; no existe ninguna Teoría formalizada que provea modelos matemáticos capaces de cuantificar su sostenibilidad.

Para obtener el mayor rigor en las conclusiones de la teoría, se ha decidido orientarla hacia un objeto conceptual suficientemente parecido a los SSE; los Sistemas Adaptativos [SA], cuyo carácter conceptual nos permitirá hacer afirmaciones más rotundas.

Podemos por tanto re-enunciar el **propósito** de la teoría que dividimos en dos propósitos parciales:

- elaborar modelos matemáticos para cuantificar la sostenibilidad de los SA
- servir como base para el desarrollo posterior de modelos aplicados a los SSE.

Las **hipótesis** se deducen de los propios objetivos de la Teoría:

- la sostenibilidad de cualquier SA se puede cuantificar en términos difusos como su *Grado de sostenibilidad*.
- la *sostenibilidad de su desarrollo* se puede determinar a partir de la variación en el tiempo de su *Grado de Sostenibilidad*.
- ambas cuestiones pueden ser aplicadas a los SSE

La consideración del problema de conocimiento, propósitos e hipótesis nos permitirá proponer la revisión de un cuerpo de conocimiento para la **caracterización de la Sostenibilidad de los SA**, que incluirá varias teorías que agruparemos en tres perspectivas: **conceptual, sistémica y probabilista**.

A partir de la caracterización anterior, propondremos un **Sistema de Premisas,** sobre el cual fundaremos la Teoría, y que incluirá dos tipos de proposiciones:

---

[6] Para una explicación breve del proceso de formulación y formalización de teorías, ver ANEXO I   LA FORMULACIÓN Y FORMALIZACIÓN DE LAS TEORÍAS CIENTÍFICAS

- Un *Sistema de Definiciones* que buscará garantizar:
  - La coherencia de las diferentes aproximaciones [conceptualizaciones] según diferentes teorías [acercamiento multi y transdisciplinar].
  - La coherencia de la Teoría formulada con todas las teorías revisadas
- Un *Sistema de Axiomas* o afirmaciones evidentes que nos permitirán deducir/sustentar todas las formulaciones y demostraciones posteriores.

Basándonos en el Sistema de Premisas deduciremos todas las afirmaciones de la Teoría, asegurando su coherencia en dos niveles:

- Todas las afirmaciones deberán ser deducibles del Sistema de Axiomas mediante transformaciones lógicas o matemáticas [coherencia interna de la Teoría].
- Todas las afirmaciones deberán ser coherentes con el Sistema de Definiciones [coherencia externa de la Teoría].

Por ultimo **contrastaremos la teoría,** que comprenderá los siguientes pasos:

La *demostración* [coherencia interna y externa] se considerará incorporada en el propio proceso de formulación enunciado, y permitirá considerar la teoría *verdadera o tautológica* en relación al Sistema de Premisas[7].

La *verificación empírica de la teoría no se considera necesaria puesto que la Teoría Matemática es esencialmente formal;* los SA son objetos conceptuales, sin existencia real.

En la segunda parte, revisaremos algunas cuestiones fundamentales para la **formulación de modelos aplicados a los SSE** y para su **utilización de los modelos en procesos de toma de decisiones colectivas.**

Esta revisión incluirá las conclusiones obtenidas de la revisión de un número elevado de modelos de cuantificación de la sostenibilidad de los SSE, cuya adaptación según los principios propuestos por la teoría es posible de manera sencilla en una mayoría de casos, apuntando a la aplicabilidad práctica de la teoría matemática en dos grandes áreas:

- Es posible modelizar diferentes tipos de SSE según los criterios propuestos en la Teoría.
- Es posible diseñar modelos operativos utilizables en diferentes procesos de decisión.

La gran variedad de aspectos que vamos a tratar en este texto, ha hecho preferible separar algunas partes como anexos para mayor claridad y facilidad de lectura del texto, pero es importante indicar que dichos anexos no son menos importantes que el texto principal. La Teoría solo puede ser comprendida completamente si son leídas todas las partes del texto.

---

[7] La *demostración* de una Teoría no implica *verdad* en sentido absoluto, solo en relación a las *premisas* asumidas como verdaderas y desde nuestro conocimiento actual.

**PARTE I    TEORÍA MATEMÁTICA DE LA SOSTENIBILIDAD Y EL DESA-RROLLO SOSTENIBLE [DE LOS SISTEMAS ADAPTATIVOS]**

## 2  LA SOSTENIBILIDAD DE LOS SISTEMAS ADAPTATIVOS

En este capítulo revisamos diferentes teorías existentes relacionadas con la Sostenibilidad y los Sistemas Adaptativos [SA], y comenzamos a sentar las bases sobre las cuales se desarrolla la presente teoría, especialmente en relación a aquellas cuestiones que consideraremos Premisas.

Por ello, puede ser considerado tanto una revisión del *marco teórico* como el *desarrollo inicial de la teoría.* Propondremos diferentes conceptualizaciones de Sostenibilidad y Grado de Sostenibilidad en relación a cada una de las teorías revisadas, y avanzaremos definiciones y formulaciones.

Caracterizar la Sostenibilidad de los SA requiere revisar un cuerpo numeroso de Teorías, que para mayor claridad agrupamos en tres perspectivas o aproximaciones generales:

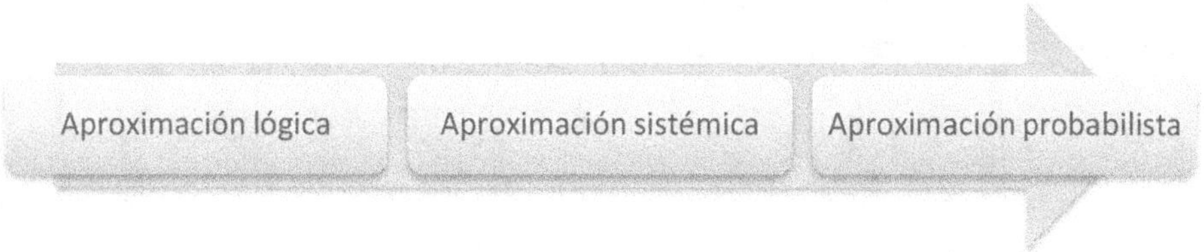

*Diagrama 02: Proceso para la caracterización de la Sostenibilidad de los SA*

Primero realizamos una **aproximación 'lógica' al concepto de Sostenibilidad** desde la *Lógica y Teoría de Conjuntos*, que nos permite abordar dos cuestiones:

- Establecer *las reglas de inferencia* de proposiciones desde las premisas, que relacionamos con los dos enfoques de la Teoría de Conjuntos/Lógica:
    - La Teoría Clásica de Conjuntos/*Lógica Booleana.*
    - La Teoría de Conjuntos Difusos/*Lógica Difusa.*
- Proponer un *acercamiento conceptual a la sostenibilidad* que nos guiará para el desarrollo del resto de la Teoría.

En segundo lugar, realizamos una **aproximación 'sistémica' a la Sostenibilidad de los SA** desde diferentes cuerpos teóricos:

- La *Teoría General de Sistemas* y *la Teoría de la Jerarquía*, nos permiten comprender y representar los Sistemas Jerárquicos.
- La *Teoría de la Complejidad*, nos proporciona instrumentos para comprender la complejidad de los sistemas desde dos perspectivas:
    - como *organización*, lo que se relaciona con la *Teoría de la Comunicación*
    - como *propiedad emergente*, lo que se relaciona con la *Termodinámica del no equilibrio y la Entropía*
- La *Ecología*, nos provee del modelo Sistema-Entorno, y el concepto de eficiencia de los sistemas
- La *Teoría de los Sistemas Adaptativos*, nos introduce en las particularidades de este tipo de sistemas frente a otros tipos de Sistemas, como sistemas que:
    - *Evolucionan*, lo que se relaciona con la *Teoría de la Complejidad* como organización.
    - *Deciden*, lo que se relaciona con la *Teoría de la Decisión*

- o *Interactúan* entre ellos, lo que se relaciona con la *Teoría de los Juegos*[8].
- La *Teoría del Caos*, que nos acerca a la comprensión de los Sistemas aperiódicos con retro-alimentación no lineal desde dos perspectivas diferentes:
  - o la *complejidad no organizada* que nos remite a la *Teoría Estadística*
  - o la *autosemejanza y atractores extraños*, que nos remiten a la *Geometría Fractal*

Por último, la revisión de la impredecibilidad de los sistemas nos llevará a una **aproximación 'probabilista' a la Sostenibilidad**, que realizamos desde los dos acercamientos conceptuales a la *Teoría de la Probabilidad:*

- Probabilidad como Frecuencia Estable
- Probabilidad como Grado de Creencia

La intencionalidad de la revisión que vamos a realizar requiere una definición preliminar del término como [Real Academia Española, RAE, 2021]:

**Sostenibilidad:** "Cualidad de sostenible"

**Sostenible:**   "Que se puede sostener"

"Especialmente en ecología y economía, que se puede mantener durante largo tiempo sin agotar los recursos o causar grave daño al medio ambiente"[9]

Estas definiciones preliminares se completarán con definiciones propuestas desde las diferentes teorías que se van a revisar, proveyendo un criterio de validación. Diferentes acercamientos pueden llevar a formulaciones diferentes, pero la coherencia va a requerir que sus resultados sean coincidentes.

Por ello, no trataremos de llegar a una definición unificada de la *Sostenibilidad* o del *Grado de Sostenibilidad* de un sistema, sino que propondremos **la consideración conjunta de las diferentes perspectivas como forma de comprender totalmente la Sostenibilidad de los sistemas**[10].

Vamos pues a comenzar realizando una *aproximación lógica al concepto de sostenibilidad...*

---

[8] Para evitar una excesiva extensión del presente texto, se ha preferido no incluir una revisión específica de Teoría de los Juegos [solo se harán algunos comentarios puntuales]; sin embargo, las cuestiones que se revisarán en el marco de la Teoría de la Decisión son fácilmente traducibles al marco de la Teoría de los juegos.

[9] La indefinición de la expresión "largo tiempo" coincide en parte con el sentido con que en el presente texto utilizaremos la expresión *perdurar indefinidamente*, en la que el término *indefinidamente* debe ser entendido en forma relativa; referido a las escalas temporales que utilizamos habitualmente.

[10] El Sistema de Definiciones permitirá compararlas entre sí, constatando que en gran parte serán *diferentes maneras de decir lo mismo*, pero cada definición añadirá algo respecto a las otras definiciones.

## 2.1 UNA APROXIMACIÓN 'LÓGICA' AL CONCEPTO DE SOSTENIBILIDAD

Vamos a realizar una aproximación al concepto de Sostenibilidad de los sistemas –y su medición– desde una *perspectiva lógica,* para lo cual nos vamos a apoyar en la Teoría de Conjuntos, y planteamos tres pasos:

- revisamos las **propiedades y operaciones básicas entre conjuntos** que posteriormente utilizamos como *reglas de inferencia* para deducir proposiciones de las premisas.
- revisamos la **sostenibilidad e insostenibilidad como conceptos, clases o conjuntos complementarios,** y definimos *el Grado de Sostenibilidad de un sistema como su Grado de pertenencia al conjunto de los sistemas sostenibles o clase Sostenibilidad.*
- proponemos una **descomposición lógica del concepto de sostenibilidad** como procedimiento para calcular el Grado de pertenencia de un sistema a la clase *Sostenibilidad,* basado en dos conceptualizaciones adicionales:
  - Los *indicadores de sostenibilidad* como las funciones de pertenencia de un sistema a clases [o conceptos] contenidas [o incluidos] en la clase [o concepto] Sostenibilidad.
  - Las *variables relevantes* de un sistema como aquella información de un sistema que puede modificar el Grado de pertenencia del sistema a la clase Sostenibilidad.

Comenzamos por revisar algunas de las características de los Conjuntos.

### 2.1.1 PROPIEDADES Y OPERACIONES ENTRE CONJUNTOS: REGLAS DE RELACIÓN LÓGICA

Existen dos acercamientos a la teoría de conjuntos que nos interesan para el presente desarrollo:

- La Teoría clásica de conjuntos, que se corresponde con la Lógica booleana o binaria
- La Teoría de Conjuntos Difusos, que se corresponde con la Lógica Difusa

La **Teoría de conjuntos binaria** se ocupa de *clasificar objetos matemáticos*, y para ello asigna a cada objeto x una función de pertenencia binaria a una clase o conjunto A $f_A[x]$, es decir, que puede tener dos valores; 0 si x no pertenece a A y 1 si x pertenece a A:

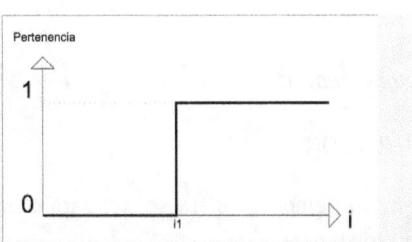

$$f_A[x] = \begin{array}{l} 0 \; si \; x \notin A \\ 1 \; si \; x \in A \end{array}$$

Figura 01: Función de pertenencia binaria, *siendo i un valor que permite relacionar el estado de 'x' con su pertenencia a A.*

La **Teoría de Conjuntos Difusos** surge para caracterizar conjuntos que admiten *Grados de pertenencia y de exclusión*, y propone el concepto de *conjunto difuso* como una *"clase de objetos caracterizada por una función de pertenencia continua $f_A[x]$ que asigna a cada objeto x un 'Grado de pertenencia' entre cero y uno"* [adaptado de Zadeh, 1965][11]:

$$A = \{[x, f_A[x]] | x \in X\} \rightarrow f_A[x] \rightarrow [0,1] \tag{1}$$

---

[11] Otra definición posible de conjunto difuso es "un conjunto sin una frontera bien definida" [Goguen, 1967:146].

Mientras que las clases binarias solo permiten pertenencia o exclusión completa que se produce para ciertos valores de 'i', los conjuntos difusos permiten la pertenencia parcial, que se produce progresivamente en relación a u*no o varios rangos de valores de i.*

Los elementos presentan un *'Grado de pertenencia'* a un conjunto o clase dado y lo podemos relacionar con la Lógica Difusa; **el grado de pertenencia de x a una clase A coincide con el grado en que el concepto A es verdad referido a x:**

- *si el grado de pertenencia es cero,* x no pertenece en absoluto a la clase A [o el concepto A referido a x es totalmente falso]
- *si el grado de pertenencia es uno,* x pertenece totalmente a la clase A [o el concepto A referido a x es totalmente verdad]
- *si el grado de pertenencia se sitúa entre cero y uno,* equivaldrá al grado en que x pertenece al conjunto A [o al grado en que el concepto A es verdad referido a x].

Hemos propuesto como hipótesis que la sostenibilidad de cualquier SA va a poder cuantificarse de forma *difusa* en términos de *Grado de sostenibilidad,* y por ello vamos a centrar nuestra revisión en las propiedades y operaciones entre conjuntos difusos.

### 2.1.1.1 PROPIEDADES DE LOS CONJUNTOS DIFUSOS[12]

IGUALDAD

Dos conjuntos difusos A y B son iguales si y solo si sus funciones de pertenencia $f_A[x]$ y $f_B[x]$ son iguales para cualquier x posible:

$$Igualdad \qquad\qquad \forall x \in X: A = B \leftrightarrow f_A[x] = f_B[x] \qquad\qquad (2)$$

COMPLEMENTARIO

El complementario de un conjunto A se escribe como ¬A, y se define como:

$$Complementario \qquad\qquad f_A[x] = 1 - f_{\neg A}[x] \qquad\qquad (3)$$

CONTENCIÓN

A está contenido en B si y solo si para cualquier x posible su función de pertenencia $f_A[x]$ es menor que la de B $f_B[x]$

$$Contención \qquad\qquad \forall x \in X: A \subseteq B \leftrightarrow f_A[x] \leq f_B[x] \qquad\qquad (4)$$

Esta condición tendrá gran importancia en dos niveles:

- En el *nivel físico,* nos permitirá establecer un límite al Grado de Sostenibilidad máximo de los sistemas, que siempre será menor o igual al del entorno al cual tiene acceso.

---

[12] Compilación de Zadeh [1965:340/343]

- En el *nivel conceptual,* nos permite establecer una condición que debe cumplir cualquier indicador de sostenibilidad; referirse a un *concepto contenido en el concepto Sostenibilidad.*

VALORES DE CORTE

Equivale a considerar que por encima o debajo de cierto valor de $f_A[x]$, la pertenencia de x a A se convierte en total o en nula, lo que para una función $f_A$ con dos valores de corte $\alpha$ y $\beta$ podemos expresar como:

- un valor de $f_A[x]$ inferior a $\alpha$ supondrá la nula pertenencia de x a A
- un valor de $f_A[x]$ mayor a $\beta$ supondrá la total pertenencia de x a A
- cualquier valor de $f_A[x]$ entre $\alpha$ y $\beta$ supondrá un 'grado de pertenencia' de x a A

*Valores de corte*

$$
\begin{aligned}
f_A[x] < \alpha &\rightarrow f_A[x] = 0 \wedge f_{\neg A}[x] = 1 \\
f_A[x] > \beta &\rightarrow f_A[x] = 1 \wedge f_{\neg A}[x] = 0 \\
\alpha < f_A[x] < \beta &\rightarrow f_A[x] \in [0,1] \wedge f_{\neg A}[x] \in [0,1]
\end{aligned}
$$

(5)

Los valores de corte tendrán dos aplicaciones fundamentales:

- descomponer los conjuntos difusos en varios conjuntos clásicos o binarios [cuestión que no será importante para la presente teoría]
- introducir *condiciones restrictivas* en indicadores para modelos para operativos, cuestión que sí será interesante y que desarrollaremos más adelante.

### 2.1.1.2 REPRESENTACIÓN GRAFICA DE FUNCIONES DE PERTENENCIA

La representación gráfica de las funciones de pertenencia difusa nos permite observar la **existencia de al menos dos *puntos singulares* $i_1$ y $i_2$ que acotan el rango de pertenencia difusa de x a A:**

$$
f_A[x] = max\left[min\left[\frac{i - i_1}{i_2 - i_1}, 1\right], 0\right]
$$

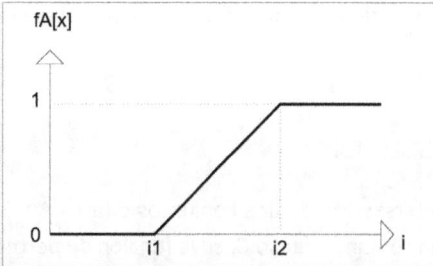

Figura 02: Función de pertenencia difusa, *siendo i un valor que permite relacionar el estado de x con su pertenencia a A.*

Vemos que *un objeto x solo puede pertenecer a una clase A si existe al menos un rango de valores $i_1$-$i_2$ para el cual una variación de i modifica el grado de pertenencia de x a A*[13]:

- un valor $i<i_1$ indica pertenencia cero de x a A [y por tanto total pertenencia de x a ¬A]
- un valor $i>i_2$ indica pertenencia total de x a A [y por tanto la nula pertenencia de x a ¬A]
- los valores de i entre $i_1$ y $i_2$ indican un *grado de pertenencia* de x a A entre 0 y 1 [y por tanto un *grado de pertenencia* de x a ¬A entre 1 y 0]

---

[13] En alguna ocasión, podremos encontrar que $i_1$ o $i_2$ sea infinito, en cuyo caso podrá ser representado o no dependiendo de la escala.

Otra cuestión interesante es que **podemos sintetizar en un solo grafico el grado de pertenencia de x tanto a una clase A como a su complementaria ¬A:**

$$f_A[x] = max\left[min\left[\frac{i - i_1}{i_2 - i_1}, 1\right], 0\right]$$

$$f_{\neg A}[x] = 1 - f_A[x]$$

$$f_{\neg A}[x] = max\left[min\left[1 - \frac{i - i_1}{i_2 - i_1}, 1\right], 0\right]$$

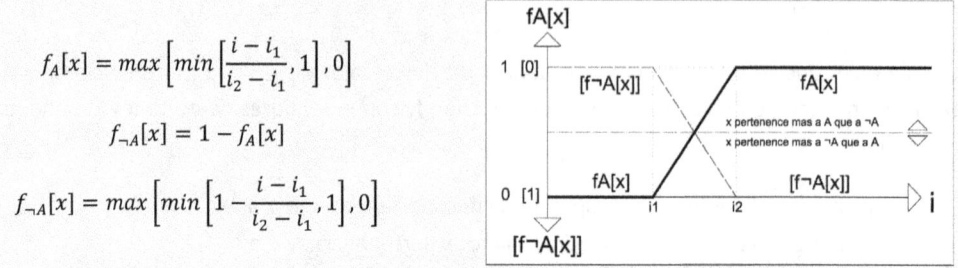

*Figura 03: Función de pertenencia al conjunto A $f_a[x]$ y al conjunto complementario ¬A $f_{\neg A}[x]$*

La grafica presentará una simetría horizontal para $f_A[x]=0,5$, y este punto es importante puesto que **si $f_A[x]$ es mayor, x pertenecerá más a A que a ¬A; mientras que si es inferior será a la inversa.**

### 2.1.1.3 OPERACIONES DE AGREGACIÓN DE CONJUNTOS DIFUSOS

Se trata de combinar varios conjuntos difusos en uno solo que debe cumplir dos condiciones:

*Condiciones frontera*          $A[0, \dots, 0] = 0 \; y \; A[1, \dots, 1] = 1$          (6)

*Monotonicidad*          $\forall i \in [1, \dots, n]; x_i \geq y_i \leftrightarrow A[x_i, \dots, x_n] \geq A[y_i, \dots, y_n]$          (7)

### UNIÓN

La unión de dos conjuntos difusos A y B con funciones de pertenencia respectivas $f_A[x]$ y $f_B[x]$ es un conjunto difuso C, cuya función de pertenencia $f_C[x]$ es:

*Unión*          $C = A \cup B \rightarrow \forall x \in X: f_C[x] = max\left[f_A[x], f_B[x]\right]$          (8)

### INTERSECCIÓN

La intersección de dos conjuntos difusos A y B con funciones de pertenencia respectivas $f_A[x]$ y $f_B[x]$ es un conjunto difuso C, cuya función de pertenencia $f_C[x]$ es:

*Intersección*          $C = A \cap B \rightarrow \forall x \in X: f_C[x] = min\left[f_A[x], f_B[x]\right]$          (9)

### PRODUCTO ALGEBRAICO

El producto algebraico de A y B se denota AB y se calcula como:

*Producto Algebraico*          $f_{AB}[x] = f_A[x] * f_B[x]$          (10)

Y cumple la condición:

$$AB \subset A \cap B$$          (11)

## COMBINACIÓN CONVEXA

Una combinación convexa de dos conjuntos difusos es una combinación lineal de la forma:

$$\forall x \in X \colon f_{[A,B;\Lambda]}[x] = \Lambda * f_A[x] + [1 - \Lambda] * f_B[x] \tag{12}$$

La combinación convexa puede interpretarse como el centroide de las funciones de pertenencia $f_A[x]$ y $f_B[x]$ situada la primera a una distancia $\Lambda$ y la segunda a una distancia 1- $\Lambda$, y su valor se sitúa siempre entre la intersección y la unión de ambos conjuntos:

$$min[f_A[x]; f_B[x]] \leq f_{[A,B;\Lambda]}[x] \leq max[f_A[x]; f_B[x]] \tag{13}$$

$$A \cap B \leq [A, B; \Lambda] \leq A \cup B \tag{14}$$

## MEDIAS

Otras posibles formulaciones de agregación de funciones difusas son las *medias*, que pueden ser Aritmética, Armónica y Geométrica, con o sin ponderación.

Hemos revisado las operaciones que nos permiten agregar varios conjuntos o conceptos difusos, obteniendo como resultado o *componiendo* un único conjunto difuso. Pero existen conceptos para los cuáles nos interesará la operación complementaria a la anterior; su desagregación [o descomposición] en varios conjuntos o conceptos difusos, cuestión que revisamos a continuación[14].

### 2.1.1.4 OPERACIONES DE DESAGREGACIÓN DE CONJUNTOS DIFUSOS

La desagregación es el proceso inverso de las operaciones de agregación, y podremos realizarla a partir de tres ideas o conceptos:

El concepto de **L-Fuzzy Sets** [Goguen, 1967] que propone que la mayoría de conjuntos o conceptos difusos pueden ser interpretados como "conjuntos de conceptos o conjuntos difusos":

$$A_L = \{A_1, A_2, \dots, A_n\} \tag{15}$$

Siendo $A_L$ un conjunto difuso y $A_i - A_n$ los conceptos o conjuntos con pertenencia difusa a A.

La propuesta de los **Vector Valued Fuzzy Sets**[15], que se propone como un caso particular del anterior, compuesto por *grados de pertenencia*; expresable como un vector que relaciona la pertenencia de x a los diferentes conceptos $A_i$, $A_j$, ..., con su pertenencia a A:

$$\underline{A} \colon x \to [0,1]^n \colon \forall x \in X \tag{16}$$

$\underline{A}$ es un VVFS y $n\_$ número de conceptos difusos $A_i - A_n$ implícitos [contenidos] en A

---

[14] Esto resulta especialmente interesante referido a conceptos a los que no podamos determinar la función de pertenencia directamente.

[15] Kóczy Et Al, 1980 citados en Mendis, 2008

Y el concepto de **Fuzzy Signature** que surge al plantear recursivamente el concepto de VVFS, considerando que cada concepto o conjunto de un VVFS puede ser a su vez otro *vector anidado [rama o firma]* o un *nodo final [hoja]*, obteniendo una descomposición global jerárquica expresable como:

$$A_S : x \rightarrow [S_i]_{i=1}^n \equiv f[S_i]_{i=1}^n$$

$$siendo \; S_i = \begin{cases} [0,1] & ; si\ hoja \\ [S_{ij}]_{j=1}^n & ; si\ rama\ o\ firma \end{cases}$$

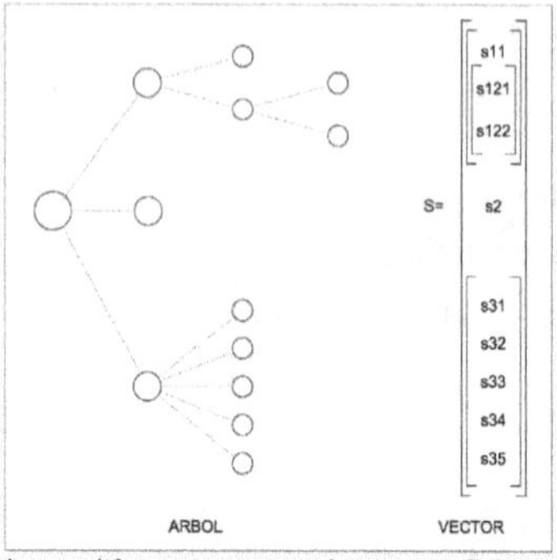

*Figura 04: Fuzzy signature o Jerarquía Difusa. La función de agregación f puede ser diferente para cada rama o firma.*

Las Jerarquías Difusas son una herramienta conceptual que nos permite *descomponer conceptos* cuya pertenencia global está determinada por muchas características interdependientes que presentan una *organización jerárquica subyacente*[16], y podemos interpretarlas desde dos perspectivas:

- **Desde la perspectiva de información,** una Jerarquía Difusa es una modelización de los *patrones* existentes en un conjunto de información que se estructura de manera *compleja*, y que pueden ser detectados buscando la *separabilidad* de los datos[17].
- **Desde la perspectiva lógica** se puede interpretar como una modelización semejante al modo en que las personas se plantean [*analizan o descomponen*] problemas reales.

Un tipo de Jerarquía Difusa especialmente interesante son las **Fuzzy Signature Sets** [Tamás & Kóczy, 2007] cuyos *nodos finales u hojas* no son valores de variable sino formulaciones de funciones de pertenencia, coincidiendo con las ideas de *organización de una clase de sistemas* o *descomposición lógica de un concepto* que revisaremos más adelante.

Una *Jerarquía de Conjuntos Difusos* es por tanto una estructuración jerárquica de la información que asociamos con un concepto o clase global A, caracterizada como una estructura de funciones de pertenencia a los diferentes conceptos o clases $A_i$ implícitos/contenidos en A:

- Los **conceptos o clases tipo hoja** son funciones de pertenencia en el rango 0-1.
- Los **conceptos o clases tipo rama** son funciones de agregación difusa de las funciones de pertenencia de las hojas o ramas de nivel inferior a los que contienen[18].

Por tanto su utilización nos permite calcular el grado de pertenencia global de un objeto a cualquier clase descomponible como un proceso recursivo de agregación de sus grados de pertenencia a cada una de las ramas y hojas que contiene.

---

[16] Wong et al, 2004 y Mendis & Gedeon, 2008. Corresponde a nuestra intuición de *Complejidad Organizada*.

[17] Wong et al, 2004. El concepto de *separabilidad* nos adelanta los de *descomponibilidad* y *modularidad* que revisamos más adelante

[18] Mendis [2008] propone como funciones de agregación típicas: mínimo, media armónica, media geométrica, media aritmética y máximo. También pueden utilizarse diferentes tipos de *agregaciones ponderadas* [e.j.: GOWA, WRAO,…]

### 2.1.2  UN ACERCAMIENTO LÓGICO A LA CONCEPTUALIZACIÓN DE LA SOSTENIBILIDAD

El análisis lógico/semántico de los términos *Sostenibilidad* e *Insostenibilidad* nos remite a la *Insostenibilidad* como la *no-sostenibilidad, i.e.:* el concepto opuesto o clase complementaria de la Sostenibilidad, y esto nos permite conceptualizarla desde las dos aproximaciones de la Teoría de conjuntos:

2.1.2.1 TEORÍA CLÁSICA DE CONJUNTOS: SOSTENIBILIDAD E INSOSTENIBILIDAD COMO CONJUNTOS TOTALMENTE EXCLUYENTES

La Teoría Clásica de Conjuntos/Lógica Binaria o booleana nos permite una primera aproximación al concepto de sostenibilidad e insostenibilidad como *conceptos o clases mutuamente excluyentes*; es decir, *conceptos o clases cuya intersección es vacía, y su unión es el Universo de Discurso*.

Vamos a considerar la clase de todos los Sistemas Adaptativos [SA] y dividirla en dos *subclases*:

- Llamamos S o Sostenibilidad a la clase formada por todos los SA *sostenibles*.
- Y llamamos ¬S o Insostenibilidad a la clase complementaria de S, formada por todos los SA *no sostenibles* [i.e.: *insostenibles*].

$$S \cup \neg S = SA = \Omega \ [R] \tag{17}$$

$$S \cap \neg S = \emptyset^{19} \leftrightarrow S = 1 - \neg S \tag{18}$$

Es decir, si dividimos todos los SA en S y ¬S la unión de ambos conjuntos debe comprender al total de SA, mientras que su intersección es necesariamente vacía.

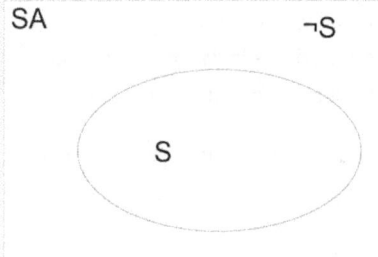

Figura 05: Sostenibilidad e Insostenibilidad como conceptos o clases mutuamente excluyentes *en el espacio SA*.

El inconveniente de esta interpretación es que aun siendo teóricamente correcta, es demasiado restrictiva ya que *no admite Grados de pertenencia que son los que caracterizan en su mayor parte a los sistemas reales*

Para resolverlo, vamos a revisarlo desde la Lógica o Teoría de Conjuntos Difusos.

2.1.2.2 TEORÍA DE CONJUNTOS DIFUSOS: EL GRADO DE SOSTENIBILIDAD COMO GRADO DE PERTENENCIA  DE UN SISTEMA AL CONJUNTO SOSTENIBILIDAD

El concepto de *Grado de pertenencia* de la Teoría de Conjuntos Difusos nos permite una primera caracterización [o definición] del *Grado de sostenibilidad* y *Grado de insostenibilidad* de un sistema:

---

[19] Esta fórmula se deduce de la *Ley de la dualidad* propuesta por Boole [1854:35] como "condición de interpretabilidad de las funciones lógicas" [que nos remite a su vez al Principio de Contradicción aristotélico] como: *X[1-X]=0*

- El *Grado de sostenibilidad* de un sistema I es su *Grado de pertenencia al conjunto o clase Sostenibilidad* $f_s[I]$.
- El *Grado de insostenibilidad* de un sistema I es su *Grado de pertenencia al conjunto o clase Insostenibilidad* $f_{\neg s}[I]$.

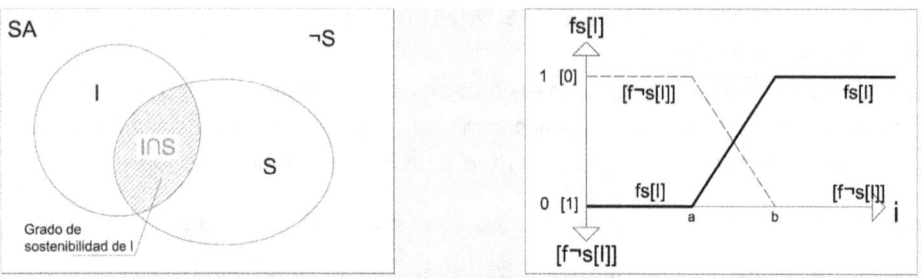

Figura 06: El Grado de Sostenibilidad de un sistema como su Grado de pertenencia al conjunto o clase S *sostenibilidad, y su Grado de Insostenibilidad como su Grado de pertenencia al conjunto o clase Insostenibilidad.*

$$S[I] = f_s[I] = I \cap S \tag{19}$$

$$\neg S[I] = f_{\neg s}[I] = I \cap \neg S \tag{20}$$

$$\neg S[I] = 1 - S[I] \tag{21}$$

El valor de S[I] debe oscilar entre 0 y 1, pudiendo diferenciar tres valores:

- S[I]=1 la pertenencia al conjunto S es completa [y por tanto nula al conjunto ¬S].
- 0<S[I]<1 la pertenencia al conjunto S es parcial [y complementaria de la del conjunto ¬S].
- S[I]=0 la pertenencia al conjunto S es nula [y por tanto completa al conjunto ¬S].

Y podremos representar la pertenencia de un sistema a ambos conjuntos sobre una misma gráfica:

$$f_s[i] = max\left[min\left[\frac{i-a}{b-a}, 1\right], 0\right]$$

$$f_{\neg s}[i] = 1 - f_s[i]$$

$$f_{\neg s}[i] = max\left[min\left[1 - \frac{i-a}{b-a}, 1\right], 0\right]$$

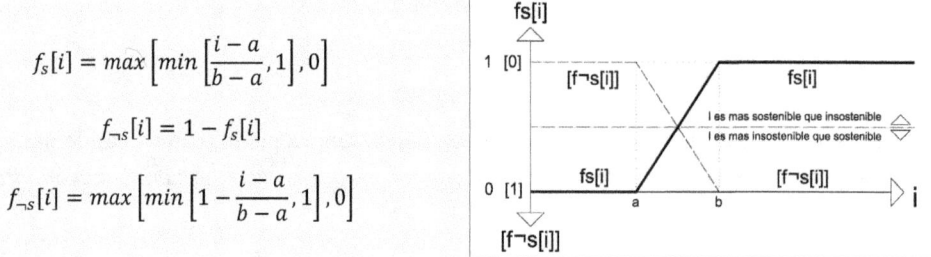

Figura 07: Pertenencia a los conjuntos Sostenibilidad e Insostenibilidad para una variable i *que sintetice el estado global del sistema y una función de pertenencia lineal.*

Complementariamente, podemos afirmar dos cuestiones importantes:

- cualquier sistema no totalmente sostenible necesariamente tiene cierta *insostenibilidad*.
- *si el grado de pertenencia de un sistema al conjunto Sostenibilidad es inferior a 0.5, entonces dicho sistema* pertenece en mayor medida al conjunto Insostenibilidad que al conjunto Sostenibilidad; *el sistema es más insostenible que sostenible.*

### 2.1.3 DESCOMPOSICIÓN LÓGICA DE LA SOSTENIBILIDAD

Hemos definido el Grado de Sostenibilidad de un sistema como su *Grado de pertenencia a la clase Sostenibilidad*. Pero en una mayoría de ocasiones no podemos calcularlo directamente y tendremos que apoyarnos en una cualidad de algunas clases o conceptos; podemos *desagregarlos*, en un proceso equivalente a establecer un tipo de *Jerarquía de Conjuntos Difusos*.

El objetivo es realizar una descomposición de la clase o concepto global Sostenibilidad S en subclases o conceptos $S_i$, hasta llegar a una estructura en la que podamos calcular el Grado de pertenencia del sistema a todas las sub-clases o conceptos finales [i.e.: *hojas*], y se trata de un proceso iterativo relativamente sencillo:

- El origen es el concepto o clase Sostenibilidad [S], que descomponemos en orden descendente en conceptos o subclases $S_i$ implícitos [contenidos] en dicho concepto.

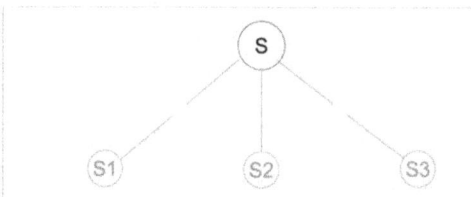

Figura 08: Descomposición del concepto Sostenibilidad S en conceptos o subclases $S_i$ incluidos [o contenidos] en el mismo, y que por tanto deben cumplir la condicion de contencion:

$$\forall i: S_i \subseteq S$$

- Cada descomposición de un concepto $S_i$ debe proporcionar una serie de conceptos $S_{ij}$ cuya importancia sea similar. *Si un sistema presenta el mismo grado de pertenencia a todos los conceptos $S_{ij}$ menos a uno; su grado de pertenencia global a $S_i$ debe ser el mismo independientemente de cuál es el concepto $S_{ij}$ con diferente grado de pertenencia.*
- Si el grado de pertenencia del sistema a un concepto es calculable directamente a partir de información del sistema, no es necesario seguir descomponiéndolo [es una *hoja*]. Si no lo es, es necesario volver a descomponerlo repitiendo el proceso [es una *rama*].

El resultado que obtenemos es una descomposición del concepto o clase *Sostenibilidad* en una estructura de subclases o sub-conceptos $S_i$ a los cuales podemos determinar el Grado de pertenencia, y *relacionados lógicamente entre sí y con el grado de pertenencia a S:*

- A la información del sistema necesaria para calcular su grado de pertenencia a cada uno de los conceptos o subclases $S_i$, la llamamos *variables relevantes del sistema.*
- A las funciones que nos permitan calcular el grado de pertenencia del sistema a cada uno de los conceptos o subclases $S_i$ las llamamos *indicadores de sostenibilidad del sistema.*

En términos lógicos una descomposición lógica de la Sostenibilidad es una estructura que nos permite determinar el *Grado de Verdad* del concepto *Sostenibilidad* S referida a un sistema I a partir del *grado de verdad* de varios sub-conceptos $S_i$ referidas a I.

Y una vez determinado el Grado de pertenencia del sistema a cada uno de dichos conjuntos $S_i$, el Grado de Sostenibilidad del sistema S[I] podrá ser fácilmente calculado simplemente agregando las funciones de pertenencia mediante fórmulas de agregación adecuadas.

Sin embargo, diferentes funciones de agregación pueden proporcionar resultados no coincidentes, y establecer las funciones correctas para cada rama de la jerarquía, requiere revisar el resto del marco teórico, que introducirá condiciones complementarias que deberán cumplir las agregaciones.

### 2.1.3.1 CONCEPTOS DE VARIABLE E INDICADOR RELEVANTE PARA LA SOSTENIBILIDAD

Vamos a precisar un poco más las aproximaciones a los conceptos de variable e indicador relevante.

Hemos definido un indicador de sostenibilidad como una función de pertenencia que nos permite determinar el grado de pertenencia de un sistema I a una subclase $S_i$ contenida en la clase sostenibilidad S, a partir de cierta información i de I, y podremos representarlo como:

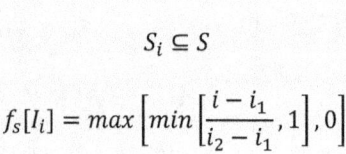

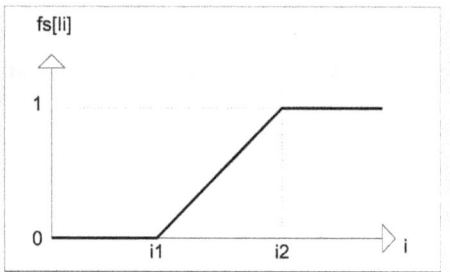

$$S_i \subseteq S$$

$$f_S[I_i] = max\left[min\left[\frac{i - i_1}{i_2 - i_1}, 1\right], 0\right]$$

Figura 09: Función de pertenencia de I a $S_i$, *siendo $i_1$ el valor para el cual la pertenencia es cero y $i_2$ el valor para el cual la pertenencia es total*

A la información i la hemos llamado *variable relevante para la sostenibilidad del sistema* y a los valores $i_1$ y $i_2$ [cuya existencia es necesaria para que i sea *relevante*] los llamamos respectivamente **Límite de insostenibilidad y Límite de sostenibilidad del sistema I en relación a la variable i.**

En consecuencia, podemos definir una variable relevante para la sostenibilidad de un sistema como aquella **cuyos valores pueden hacer que el sistema I pertenezca tanto al conjunto Sostenibilidad como al conjunto Insostenibilidad.**

Por tanto, evaluar el grado de pertenencia de un sistema I al conjunto Sostenibilidad, requerirá evaluarlo en relación a cada una de sus variables relevantes. Si alguna variable relevante no es evaluada el grado de sostenibilidad puede ser diferente al calculado, puesto que la condición de variable relevante implica precisamente que es capaz de modificar el grado de sostenibilidad del sistema.

Adicionalmente, podemos completar la definición de indicador de sostenibilidad de un sistema I en relación a una variable i como **una función de pertenencia del sistema a un subconjunto $S_i$ del conjunto S para los diferentes valores posibles de i,** y lo designaremos como:

$$f_S[I_i] \equiv I_i \equiv S_T[I_i] \tag{22}$$

Por tanto *la formulación de los indicadores de sostenibilidad de un sistema I es el proceso de formulación de sus funciones de pertenencia a los diferentes sub-conjuntos $S_i$ para cada una de sus variables relevantes,* que deben cumplir la **condición de contención,** es decir:

$$\forall i: S_i \subset S \leftrightarrow f_S[I_i] \leq f_S[I] \tag{23}$$

**Y el Grado de sostenibilidad global del sistema coincidirá con el indicador agregado global; que mide el grado de pertenencia al conjunto o clase Sostenibilidad 'S'**

$$f_s[I] \equiv S_T[I] \tag{24}$$

### 2.1.4 CONCLUSIÓN

La Teoría de Conjuntos Difusos nos aporta numerosas cuestiones de gran importancia para la presente teoría, que resumimos agrupándolas en tres áreas:

- Las reglas de inferencia lógica aceptables para establecer el *Grado de verdad* de las diferentes proposiciones.
- El marco que nos permite conceptualizar la Sostenibilidad y la Insostenibilidad como conceptos opuestos o conjuntos/clases complementarias.
- Las reglas para descomponer el concepto *Sostenibilidad* 'S' [para el cual no podemos establecer directamente una función de pertenencia] en sub-conceptos $S_i$ para los cuales sí podemos establecer una función de pertenencia y reglas de agregación.

Es importante indicar que los conjuntos Sostenibilidad e Insostenibilidad no tienen propiedades simétricas. La Sostenibilidad solo se va a poder alcanzar por la acción conjunta de todas las variables relevantes, mientras que la insostenibilidad se puede producir por la acción conjunta de diferentes agrupaciones de variables, pero también por la acción individual de ciertas variables.

*En términos de 'condiciones de verdad', suelen existir variables que implican la total falsedad del concepto Sostenibilidad aplicado a un sistema, pero ninguna que implique la total verdad por sí sola.*

Otro interés añadido a la revisión de la Sostenibilidad desde la Teoría de Conjuntos, es que nos permite definir perspectivas parciales con facilidad, como por ejemplo:

- Sostenibilidad de un sistema urbano, como su grado de pertenencia al *conjunto de los sistemas urbanos sostenibles*
- Sostenibilidad de una sociedad, como su grado de pertenencia al *conjunto de sociedades sostenibles*
- ...

Y una vez definido el conjunto cuya pertenencia nos interesa, podremos detectar las variables relevantes tanto a partir de las cualidades que deberá tener un SE/SSE para pertenecer a dicho conjunto, como de aquellas que le harían pertenecer al conjunto complementario.

**Somos perfectamente capaces de precisar [con un grado de acuerdo suficiente] las características que definen la pertenencia a cualquiera de ambos conjuntos para numerosos tipos de sistemas[20]; y podremos llegar a modelizar la sostenibilidad de SSE de elevada dimensión con relativa facilidad, sin necesidad de realizar una definición lingüística totalmente exhaustiva y precisa del término.**

---

[20] Referido a los SSE la historia constituye una fuente considerable de datos.

## 2.2 UNA APROXIMACIÓN SISTÉMICA A LA SOSTENIBILIDAD DE LOS SISTEMAS ADAPTATIVOS

### 2.2.1 LA CARACTERIZACIÓN DE LOS SISTEMAS ADAPTATIVOS

#### 2.2.1.1 CONCEPTUALIZACIÓN Y MODELIZACIÓN DE SISTEMAS

El **concepto de sistema** alude a un conjunto de *dos o más elementos que interactúan entre sí de manera diferente a como interactúan con otros elementos, formando una entidad diferente a su entorno.*

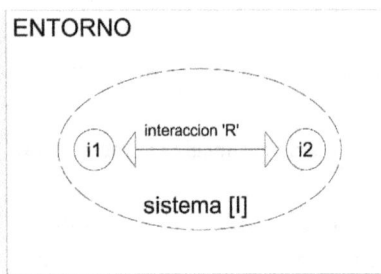

Figura 10: Un sistema *puede ser definido como 'un conjunto de elementos que interactúan formando una entidad diferenciable de su entorno [es decir, con identidad propia]'.*

*Otras definiciones posibles son "un 'complejo' de elementos interrelacionados entre sí y con el medio circundante" [Von Bertalanffy, 1968] o "una interrelación de elementos que constituyen una entidad o unidad global" [Morín, 1977:123]*

La caracterización anterior requiere que precisemos cuatro términos cuya comprensión completa adquiere especial relevancia: elemento, interacción, entorno y entidad:

Un **elemento o parte** de un sistema I es cualquier componente físico o conceptual i de I que interactúe con otras componentes de I, y no implica *partícula elemental* en sentido absoluto sino relativo; puede ser *elemental* desde ciertas perspectivas, y desde otras ser 'descomponible' en partes de menor dimensión[21].

Una **interacción o interrelación** es una relación R entre elementos i del sistema que modifica sus comportamientos respecto a los que tenían cuando no formaban parte del sistema, "si sus comportamientos no difieren [...] no hay interacción entre los elementos" [Von Bertalanffy, 1968:56][22].

El **entorno o medio circundante** E de un sistema I es todo *aquello que no forma parte de dicho sistema.*

Y el término **entidad** se refiere a la cualidad de tener una forma global reconocible implicando las ideas de diferenciación y autonomía; de entorno e identidad:

- *Un sistema solo es posible dentro de un entorno mayor del cual sea posible diferenciarlo.* El entorno constituye el 'fondo' que permite que reconozcamos al sistema como tal.
- *Un sistema requiere una identidad* capaz de mantener su *significado* con cierta independencia o autonomía del entorno en el cual se ubique.

---

[21] Por ejemplo, en física nuclear un átomo es un sistema mientras que en astronomía un planeta es un elemento [Simón, 1962].

Entrecomillamos *descomponible* porque posteriormente veremos que la información de los sistemas no es nunca totalmente descomponible sino 'casi-descomponible'.

[22] Esta idea de "comportamientos que difieren" nos anticipa la idea de *propiedades que emergen*, que revisamos a continuación.

El **concepto de sistema** está vinculado a dos cuestiones fundamentales; los conceptos de *organización* y *emergencia*:

- La **organización** implica que dentro de un conjunto de elementos no todos interactúan de la misma manera; *ciertas interacciones tienen mayor intensidad o frecuencia que otras;* no todas las relaciones son posibles y no todas las que son posibles son igual de probables.
- La **emergencia** implica que al interactuar los elementos, *aparecen [o emergen] propiedades no presentes en los elementos cuando no formaban parte del sistema.*

Y ambas cuestiones están indisolublemente unidas: utilizamos el concepto de sistema cuando varios elementos interactúan generando un *todo* que es "mayor que la suma de las partes" [Simón, 1962:468]; **la Organización posibilita pero también implica la Emergencia de una entidad global.**

Imagen 01: Plaza de San Pedro*. Las columnatas de Bernini [1656-1667] adquieren tanta importancia como la fachada de la Basílica [1506-1626] y el eje longitudinal de la Via della Conciliazione que llega a Castell Sant'Angello [135-139] o el propio vacío que queda en el centro de la plaza.*

*Cierta 'organización' de las partes posibilita la 'emergencia' de una identidad global que es más que la suma de dichas partes. Organización y Emergencia se implican mutuamente, situándose en el centro de la idea de sistema.*

Consecuentemente, son las dos cuestiones que identificamos con la *complejidad* de los sistemas; y que requeriremos para considerar que un grupo de elementos constituye un *sistema*.

Y dentro de los diferentes tipos de sistemas, nos va a interesar un tipo de sistemas muy concretos; los Sistemas Jerárquicos:

**La Organización de los sistemas jerárquicos implica *estabilidad* y *jerarquía*; el sistema es un conjunto de subsistemas que incluyen otros subsistemas de menor dimensión y así sucesivamente.**

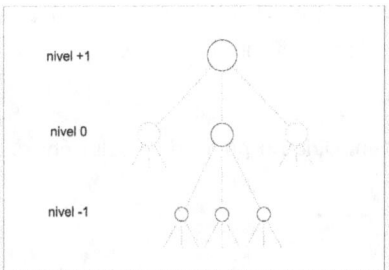

Figura 11: El concepto de jerarquía *se refiere a una sucesión de subsistemas que contienen a otros subsistemas hasta llegar a las partes elementales del sistema.*

*Aunque algunos sistemas serán más fácilmente representables como redes, las cuestiones que condicionan su sostenibilidad serán mejor representadas como jerarquías. Por este motivo vamos dirigiendo el análisis hacia los sistemas jerárquicos.*

Complementariamente, **la emergencia de los sistemas jerárquicos es una *arquitectura* de niveles de emergencia**; la interacción entre los elementos fundamentales hace que *emerjan* propiedades[23] *ca-*

---

[23] "las partes son más en el todo [...] la emergencia es un producto de organización que aunque inseparable del sistema en tanto que todo, aparece no solamente a nivel global sino eventualmente en el nivel de los componentes: la parte es más que la parte" [Morín, 1977:131]. El conjunto retroactúa sobre las partes, haciendo que sean diferentes a como eran antes de formar el sistema.

*paces de interactuar,* y esta interacción hace que *emerjan* otras propiedades de nivel superior, y así sucesivamente *en una sucesión de niveles que posibilita la emergencia de su identidad global.*

Los Sistemas constituyen estructuras alejadas del equilibrio térmico, pero **el Segundo Principio de la Termodinámica afirma que la *realidad* tiende hacia el *equilibrio térmico* y con ello las estructuras de los sistemas tienden a *degradarse.* Con el paso del tiempo los sistemas avanzan necesariamente hacia su *disolución.***

$$\frac{dH}{dt} > 0 \tag{25}$$

Siendo H la entropía

La Entropía o desorden [H] se incrementa en el transcurso del tiempo, llevando a los sistemas hacia el equilibrio térmico [es decir, hacia su disolución]. Pero los sistemas se oponen a dicha tendencia importando Entropía negativa desde su entorno y *disipando* Entropía hacia éste.

Los Sistemas pueden sostener sus estructuras en el tiempo porque son *estructuras disipativas;* **solo pueden existir *abiertos* a un entorno con el cual intercambian *materia, energía y/o información,*** y su sostenibilidad requerirá la sostenibilidad de dichos intercambios de Entropía.

EL GRADO DE SOSTENIBILIDAD COMO DISTANCIA RELATIVA DE UN SISTEMA A SU DISOLUCIÓN

El cambio es inherente a los Sistemas, si un grupo de elementos constituye una entidad que no puede *variar* no lo consideramos un sistema, pero su *sostenibilidad* va a requerir que los cambios mantengan su identidad global, y *la estabilidad de los sistemas se configura como una componente clave de su Sostenibilidad que requiere que exista algo 'reconocible' y 'estable' que "sostener".*

Y hemos dicho que el Segundo principio de la termodinámica tiende a acercar a los Sistemas a su disolución, y esto nos permite una primera caracterización de la sostenibilidad de los sistemas a partir de su estabilidad como *capacidad de mantenerse lejos del estado que implicaría su disolución.*

**El Grado de Sostenibilidad de un sistema será su *distancia relativa a la insostenibilidad total o su disolución como sistema*,** y complementariamente el Grado de Insostenibilidad será *su distancia relativa al estado más estable del sistema*, y los dos valores extremos significarán lo siguiente:

- $S_T[I]=1$ el sistema estará en su posición más estable
- $S_T[I]=0$ el sistema habrá alcanzado su umbral de insostenibilidad o punto de disolución; su identidad global ya no es perceptible.

Podemos representarlos gráficamente como:

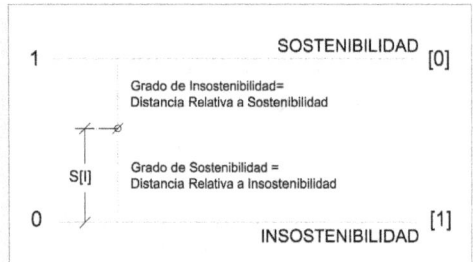

Figura 12: El Grado de Sostenibilidad como distancia relativa de un sistema a la insostenibilidad *o disolución, y el Grado de Insostenibilidad como distancia relativa a la sostenibilidad, resultan valores complementarios.*

$$S_T[I] = 1 - \neg S_T[I]$$

El grado de sostenibilidad de un sistema es pues una medida relativa de su posición respecto a su *disolución como sistema o umbral de insostenibilidad*, y es importante indicar que ésta no necesariamente implicará la desaparición de todos sus elementos.

Imagen 02: Un sistema parlamentario electivo *nos permite entender que la insostenibilidad total de un sistema no implica necesariamente la desaparición de todos sus elementos. Un golpe de estado que impusiera una dictadura no electiva [i.e., un sistema 'dictatorial'] sería equivalente a una situación de insostenibilidad absoluta en la que el sistema parlamentario electivo se 'disuelve' pero no todos sus elementos desaparecen; habitantes, fuerzas de seguridad, sistema educativo, sistema sanitario, etc... suelen estar presentes en sistemas dictatoriales, aunque asumen funciones diferentes.*

## DESCRIPCIÓN JERÁRQUICA DE LOS SISTEMAS: LAS JERARQUÍAS ANIDADAS

### DESCRIPCIÓN DE SISTEMAS

Los sistemas se describen mediante *variables*[24] que informan de su estado, lo que nos permite modelizarlos para trabajar con ellos en dos sentidos:

- Comprender su estado en un momento dado; la relación entre las partes y el todo.
- Comprender su comportamiento, posibilitando hacer predicciones acerca de su evolución y estado en momentos temporales futuros.

Y ambas cuestiones las podemos describir mediante ecuaciones diferenciales que expresen tanto las relaciones existentes entre los *estados posibles* del conjunto y cada uno de sus elementos como entre sus estados y modificaciones posibles en el tiempo[25]:

$$\forall i \in I \longrightarrow \begin{array}{l} di_1/dt = f[i_1, i_2 \dots i_n] \\ di_2/dt = f[i_1, i_2 \dots i_n] \\ \dots \\ di_n/dt = f[i_1, i_2 \dots i_n] \end{array} \qquad (26)$$

Sin embargo, **la mayoría de sistemas contienen tanta información que** la enumeración completa de las variables y relaciones que los describen no suele ser factible; **su descripción completa es imposible o llevaría a descripciones inoperativas** tanto de realizar como de comprender.

**Describir los sistemas va a requerir** *resumir* **su información,** lo que debe relacionarse con la intención de la descripción, que nos permite establecer los criterios que convierten determinada información en *relevante* y otra en *prescindible*[26].

---

[24] Llamamos *variables* a aquellos parámetros que pueden *variar* con el trascurso del tiempo.

[25] "los sistemas dinámicos se describen merced a un conjunto de n medidas, llamadas variables de estado. Su cambio en el tiempo se expresa por un conjunto de n ecuaciones diferenciales simultáneas" [Von Bertalanffy, 1968: 264].

[26] La definición de *describir* es "Definir imperfectamente algo [...]" [DRAE, 2014]; la *incompletitud* es por tanto una característica inherente a cualquier descripción, igual que "el mapa no es el territorio". Por tanto, es fundamental establecer un criterio claro para decidir qué información debe [y cual no debe] aparecer en la descripción.

Pero **describir los sistemas va a requerir también** *ordenar* **esa información**, lo que haremos detectando la *organización* subyacente a las variables relevantes.

Las variables que describen los sistemas jerárquicos constituyen sistemas de información paralelos, que también poseen organización jerárquica, y esta organización nos permitirá representar los sistemas como *jerarquías anidadas* [*similares* a las *descomposiciones lógicas ya revisadas*] y que van a tener una doble lectura:

- *Si las interpretamos de abajo a arriba*, constituirán una serie de agregaciones sucesivas de componentes del sistema hasta llegar a un valor agregado que describa su estado global.
- *Si las interpretamos de arriba a abajo*, suponen desagregar el estado global del sistema en estados parciales, hasta llegar a estados de la dimensión deseada.

Vamos a revisar en primer lugar el proceso de *construcción de una jerarquía anidada* de abajo a arriba, es decir, mediante la agregación de su información.

*PROCESO DE ABAJO A ARRIBA: LA COMPOSICIÓN DE UNA JERARQUÍA ANIDADA*

Las descripciones de sistemas son siempre *intencionadas*. Requieren que seleccionemos, interpretemos, estructuremos y agreguemos su información de acuerdo a cierto objetivo y perspectiva de análisis, y hacerlo va a requerir varios pasos:

- Seleccionar el nivel de detalle e información [variables] relevante[27]
- Transformar la información de acuerdo a la perspectiva de análisis; convertir variables en indicadores.
- Estructurar la agregación de la información; definir la organización de la jerarquía anidada.

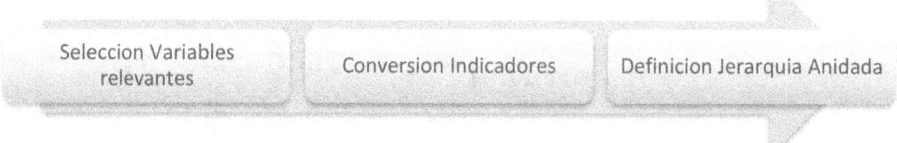

*Diagrama 03: Proceso de composicion de una jerarquia anidada*

La finalidad de *componer* una jerarquía anidada es establecer una estructura de agregación cuyo valor agregado constituya una medida de distancia relativa respecto a la situación de insostenibilidad absoluta, y esto nos proporciona el criterio para acometer los dos primeros pasos:

**Selección de variables relevantes:** consideramos relevante para dicha descripción cualquier variable para la cual exista un rango de valores capaz de variar la posición global del sistema entre sus estados de Sostenibilidad e Insostenibilidad, es decir, su *Grado de Sostenibilidad*.

**Conversión de variables en indicadores:** planteamos formulaciones matemáticas que transformen la información de las variables relevantes en medidas de la distancia relativa a la cual sitúan al sistema, entre las más cercanas a la Insostenibilidad/Sostenibilidad posibles para cada variable.

---

[27] Para describir una ciudad no comenzamos describiendo cada uno de los átomos que forman cada una de las moléculas; agregamos la información hasta el nivel que consideramos relevante para dicha descripción; personas, coches, edificios, barrios,...

Estos dos pasos nos habrán permitido *preparar* la información del sistema, determinar la posición relativa en que cada variable tiende a situarlo entre su estado más estable y su umbral de disolución. Pero establecer la *posición global* del sistema requerirá agregarlos y ello va a requerir que revisemos las condiciones de agregación de la información en Sistemas.

*Los sistemas jerárquicos poseen cualidades que permiten sintetizar en gran medida la información que los describe.* Poseen *estructura u organización* y dicha organización nos va a permitir establecer la forma óptima de agregar la información.

Podremos establecer la organización subyacente a los indicadores del sistema revisando la intensidad de sus interacciones y agrupándolos en subsistemas de agregación que cumplan las siguientes condiciones [Simón, 1955]:

- *se muevan conjuntamente; estén más unidos entre sí que con el resto del sistema*
- *estén relacionados con el resto de indicadores del sistema de la misma manera*

Y si agregamos los indicadores en cada subsistema, obtenemos otra serie de indicadores referidos a aspectos más generales del sistema que a su vez podemos agrupar en otros subsistemas de agregación que podremos agregar otra vez, y así sucesivamente.... habremos generado una *estructura jerárquica* en la que cada nivel superior es una agregación de información de niveles inferiores.

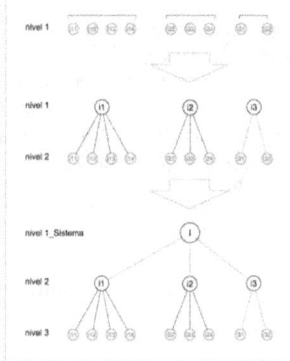

Figura 13: Composición de una jerarquía anidada.

*Identificamos conjuntos de indicadores que están unidos con el resto del sistema de igual manera, y los agregamos de manera que cada indicador agregado contiene a un conjunto de indicadores que se sitúan en un nivel inferior, generando una jerarquía anidada.*

*Los indicadores de niveles inferiores informan de partes reducidas del sistema cuyo tamaño va creciendo a medida que ascendemos niveles de la jerarquía, llegando a describir el comportamiento global del sistema mediante un único valor agregado.*

**Las jerarquías anidadas son estructuras que** nos muestran como las partes que componen el sistema se van modificando a medida que ascendemos los niveles en la jerarquía hasta llegar a definir su *identidad global*; **nos permiten entender como el *todo* se relaciona con las *partes*:**

- su *Organización.* Las relaciones posibles y las no posibles; las probables y las improbables.
- sus *Propiedades Emergentes.* Cada agregación de indicadores no solo debe resumir la información de los niveles inferiores, sino también incluir los efectos de las propiedades que emergen de su interacción.

Las interacciones de los indicadores en un nivel producen un *comportamiento* del conjunto en el nivel superior diferente a la *suma* de sus comportamientos individuales; **el significado de los indicadores se entiende en su nivel y el de sus interacciones en el nivel superior.**

Hemos revisado las condiciones que nos permiten describir un sistema como una *jerarquía anidada*, revisando su información de abajo a arriba, y vamos a revisar ahora el proceso inverso.

*PROCESO DE ARRIBA ABAJO: DESCOMPOSICIÓN JERÁRQUICA DE SISTEMAS*

Se trata de un proceso inverso al anterior [y similar a la descomposición lógica de conceptos]. Partimos de una *caracterización global del sistema* que descomponemos en un conjunto reducido de indicadores, que a su vez descomponemos en otros conjuntos de indicadores, y así sucesivamente hasta llegar al nivel de detalle de la información buscado. Durante este proceso, cada descomposición deberá cumplir lo siguiente:

- La descomposición se realiza en base a una *relación de inclusión de información;* los indicadores generados se consideran *implícitos* en el indicador descompuesto.
- Cada descomposición debe generar indicadores con un *nivel de significación muy similar.*
- *La consideración conjunta de todos los indicadores de nivel inferior debe proporcionar toda la información necesaria para determinar el valor del indicador en el nivel superior.*

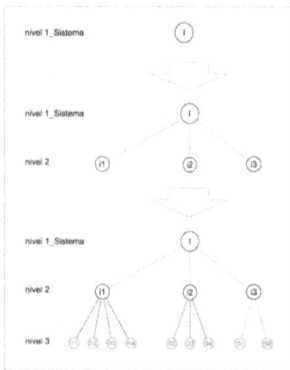

Figura 14: Descomposición jerárquica de un sistema. *Partimos de la caracterización global del sistema, que descomponemos en indicadores [habitualmente entre 3 y 5 en cada descomposición] que a su vez descomponemos en otros indicadores y así sucesivamente hasta llegar al nivel de detalle que necesitamos.*

*En cada descomposición [subsistema de agregación] los indicadores deberán tener un nivel de significación similar. La variación de cualquiera de ellos en cualquier valor del rango 0-1 deberá tener una repercusión similar sobre el valor agregado, independientemente del indicador modificado. Lo podemos enunciar como que 'la máxima cercanía a la insostenibilidad o la sostenibilidad que puede producir cada indicador de un mismo subsistema deberá ser prácticamente igual'.*

Una **Jerarquía anidada** es una estructura compuesta por *niveles* y *holones* [subsistemas] que mantienen diferente tipo de interacción entre ellos [Wu & David, 2002]:

- Los *niveles* se diferencian por las *tasas* en los procesos y su relación es asimétrica
- Los *holones* desarrollan interacciones similares en las dos direcciones en su nivel, más fuertes y frecuentes entre indicadores de un mismo subsistema que entre holones.

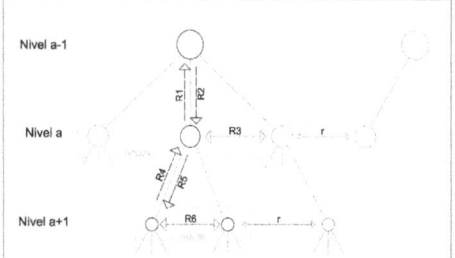

Figura 15: Interacciones en una descripción de un sistema como jerarquía anidada. *Las interacciones entre niveles adyacentes no son simétricas. Las interacciones en un mismo nivel son simétricas, pero son mucho más fuertes entre elementos que pertenecen a un mismo holón [R] que las que se dan entre elementos que pertenecen a holones diferentes [r]*

Desagregar la información de un sistema equivale a descomponer su información en categorías o clases mutuamente excluyentes; implica interpretarlo como un *árbol* descomponiéndolo en partes y relaciones, asumiendo que no existen interacciones entre las partes que se *descomponen*, lo que se denomina *descomponibilidad*[28].

*Sin embargo, los Sistemas nunca son totalmente descomponibles; siempre van a existir interacciones entre sus partes[29] y para 'descomponerlos' tendremos que considerar algunas interacciones irrelevantes desde la perspectiva de análisis. Para descomponer la información que describe los sistemas tendremos que considerarlos "casi-descomponibles" [Simón, 1962].*

Agregación y Desagregación [o descomposición] son dos procedimientos cuya utilización conjunta nos va a permitir estructurar la información de los sistemas de manera que podamos caracterizar numéricamente su estado global como una medida de agregación de sus estados parciales, y serán por tanto fundamentales para la cuantificación de su sostenibilidad.

---

[28] Desde la perspectiva de información, la *descomponibilidad* de la información se referirá a la *separabilidad de los datos* comentada anteriormente [ver 2.1.1.4   OPERACIONES DE DESAGREGACIÓN DE CONJUNTOS DIFUSOS].

[29] O información no totalmente contenida en los indicadores agregados que la contienen, sino en otros diferentes; lo que se relaciona con la estructura de *semirretículo* de la realidad [Alexander, 1965].

## 2.2.1.2  LA 'COMPLEJIDAD' DE LOS SISTEMAS

Etimológicamente el término *complejo* deriva de *complexus* que se refiere a *aquello que esta tejido en conjunto* lo que nos remite a una **equivalencia entre los términos *complejo* y *sistema*. Ambos se refieren a un *tejido o estructura de relaciones* que permite una lectura dual de un conjunto de elementos como *partes* y como *todo* o identidad global.**

Y esta aproximación a la Complejidad de los sistemas nos permite relacionarla con dos de sus cualidades/perspectivas ya anticipadas:

La primera es desde la **Complejidad como Organización o disposición de relaciones** que *tejen* un conjunto de elementos constituyendo un sistema con *identidad* propia[30].

*La organización de un sistema 'es'*, enfoque que nos permite aproximaciones *deterministas*, que podemos revisar desde las jerarquías anidadas que describen la organización de los sistemas y las funciones de pertenencia de la lógica difusa como restricciones a sus estados posibles[31].

Y la segunda es desde la **Complejidad como Emergencia o cualidades [propiedades]** del sistema que no estaban implícitas en los elementos, y que permiten percibir el sistema como una *entidad o identidad*, haciéndolo diferenciable [identificable] respecto al entorno y a otros sistemas.

*La emergencia es algo que 'sucede' en los sistemas,* enfoque que nos permite aproximaciones *probabilistas*[32], que podremos revisar desde la Teoría de la Probabilidad.


La complejidad de los sistemas es por tanto una mezcla de *determinismo* y *probabilismo*; de lo que *es necesario que esté* [u organización] y de lo que *puede suceder* [o emerger] *como consecuencia*. Y cuando lo extendamos en el tiempo [algo necesario al hablar de sostenibilidad], este carácter dual nos obliga a entender lo Lógico y lo Probable como dos perspectivas no separables de la cuestión.

El grado en que un sistema *es* en el tiempo es equivalente al grado en que *ocurre* en cada momento[33], y *el determinismo de la organización se fundirá con el probabilismo de la emergencia*. Sin embargo, esta cuestión tiene su dificultad, por lo que la iremos revisando poco a poco... y para mayor claridad continuamos el análisis desde ambos planteamientos por separado, comenzando por el primero de ellos.

---

[30] "la organización es la disposición de relaciones entre componentes que produce una unidad compleja o sistema, dotado de cualidades desconocidas en el nivel de los componentes o individuos" [Morín, 1977:127].

[31] La utilización en este texto de los términos *determinismo* y *probabilismo* se relaciona con Mowshowitz & Dehmer [2012]. Consideramos más *deterministas* aquellos enfoques que parten de las condiciones necesarias para generar la entidad global, y más *probabilistas*, aquellos que se basan en funciones de probabilidad. Sin embargo, es una división esencialmente expositiva, por dos motivos:

- evaluaremos las organizaciones en términos *difusos* por lo que el *determinismo se acerca al posibilismo*.
- la *recursividad* de los fenómenos sistémicos, hace que casi siempre ambas perspectivas se impliquen mutuamente

[32] "La emergencia tiene virtud de evento, puesto que surge de forma discontinua una vez que se ha constituido el sistema" [Morín, 1977:132] y nos remite a la Teoría de la Probabilidad que se ocupa de los *eventos* o sucesos.

[33] El propio carácter *dual* de la probabilidad [como frecuencia estable y como grado de creencia] puede relacionarse con esta cuestión, puesto que en esencia el primero alude a la probabilidad como *suceder* mientras que el segundo alude a la probabilidad como *ser* [ver 2.3 UNA APROXIMACIÓN A LA SOSTENIBILIDAD COMO PROBABILIDAD]

## COMPLEJIDAD COMO ORGANIZACIÓN O COMPLEJIDAD ORGANIZADA

La organización se refiere a la estructura de relaciones entre los diferentes elementos que posibilita que emerja un sistema reconocible como una entidad global, y va a tener tres componentes claves:

- **una estructura estable de relaciones** que define las características de las relaciones entre los diferentes elementos [su intensidad, frecuencia, etc...] y que deberá tener suficiente nivel de permanencia en el tiempo.
- **una diferenciación entre elementos.** Un sistema de relaciones requiere necesariamente *elementos diferentes a los que relacionar*, bien porque fueran diferentes antes de integrarse al sistema, o bien porque se diferencian al integrarse en el sistema.
- **un orden** que se refiere a la relación que cada parte debe guardar con el todo para que el sistema funcione.

Imagen 03: Una Empresa *nos permite revisar las tres ideas implícitas en el concepto de organización:*
- *Estructura de relaciones estable. La estructura de relaciones entre sus miembros puede adaptarse periódicamente, pero si una empresa la cambia totalmente cada día, no la reconocemos como tal.*
- *Diferenciación. La organización diferencia a las personas que integra [Director, Comercial, etc...]; las 'partes' se modifican en el sistema.*
- *Orden. La organización implica reglas de relación óptima entre las partes y el todo; una empresa puede funcionar con 15 comerciales y un director, pero difícilmente con 15 directores y un comercial.*

El concepto de *orden* nos introduce una cuestión fundamental; *la relación entre las diferentes partes de un sistema hace que éste pueda funcionar mejor o peor* y esto nos va a permitir proponer un *estado u organización óptima*[34] de los sistemas; aquella que no pueda mejorarse.

*La idea de sistema implica la posibilidad de cambio; i.e. el sistema puede situarse en estados diferentes [si un conjunto de elementos no pueden cambiar no lo consideramos un sistema] pero también implica la idea de identidad o mantenimiento de una forma global 'suficientemente reconocible' a través de sus trasformaciones; no todas sus transformaciones son posibles.*

La organización constituye esa limitación de las transformaciones y estados posibles del sistema[35]; y esta aproximación nos permite diferenciar dos situaciones extremas posibles de los elementos del sistema: una que constituye su *organización óptima* [la que el sistema tiene cuando está en su estado óptimo] y otra que es el *primer estado*[36] de los elementos que imposibilita el sistema.

La existencia de estas dos situaciones extremas [óptima organización y estados no posibles] nos permite conceptualizar el grado de sostenibilidad desde la perspectiva de complejidad organizada como una *medida de coincidencia relativa* entre el estado de un sistema y su organización óptima [en relación a su primer estado no posible].

---

[34] La definición de Óptimo es "sumamente bueno, que no puede ser mejor" [RAE, 2021]

[35] "La presencia de organización entre variables es equivalente a la existencia de 'limitaciones' en el espacio de posibilidades" [Ashby, 1962:257]. Es decir, no todo lo teóricamente posible lo será en realidad.

[36] Aunque lo denominaremos así, en realidad, este *primer estado* no es un único estado, sino que suele admitir muchas configuraciones.

*EL GRADO DE SOSTENIBILIDAD COMO GRADO EN QUE LA ORGANIZACIÓN DEL SISTEMA ES OPTIMA*

Desde la perspectiva de Complejidad Organizada, el Grado de sostenibilidad de un sistema será una medida de coincidencia relativa entre su estructura y su organización óptima, en relación a su primer estado no-posible, y su representación como *jerarquía anidada* nos permitirá medirlo:

- El Grado de Sostenibilidad será una medida del grado en que la estructura de un sistema coincide con su configuración óptima o mejor posible.
- El grado de insostenibilidad será una medida del grado en que la estructura del sistema no coincide en absoluto con su organización óptima [o coincide con un estado en el que los elementos no pueden constituir el sistema].

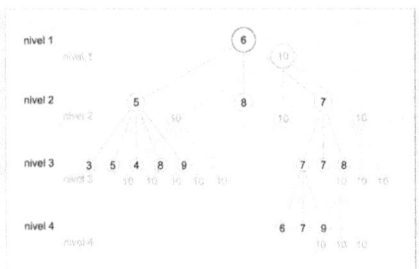

*Figura 16: El Grado de Sostenibilidad como Grado en que una estructura coincida con su óptima.*

Ambas medidas podrán ser cuantificadas a partir del grado de coincidencia de la información que caracteriza la estructura del sistema concreto evaluado y aquella que define sus estados de organización óptima [y no-posibles], y los dos valores extremos significarán lo siguiente:

- $S_T[I]=1$ la estructura del sistema coincide totalmente con su organización óptima. Está en su *estado óptimo*.
- $S_T[I]=0$ los elementos del sistema han desaparecido o se hallan en un estado que imposibilita el sistema; solo pueden existir *separados* [o formando otros sistemas diferentes]

Desde la perspectiva de *Complejidad Organizada* un indicador de sostenibilidad de un sistema será una regla que permitirá comparar cierta información del sistema con los valores de dicha información que situarían al sistema en su estado de organización óptimo. Será una medida del grado en que cierta parte de la organización *es* en relación a como *debe ser* en su estado óptimo.

*LA ORGANIZACIÓN JERÁRQUICA DESDE LA COMPLEJIDAD*

Una organización jerárquica es un modo de representar una estructura de relaciones entre las partes de un sistema, i.e., una representación estructurada de sus *reglas de organización*. Y para medir el Grado de Sostenibilidad deberemos representar la estructura que el sistema tiene en su estado óptimo; su *Organización Óptima*.

Esta estructura debe incorporar las reglas que el sistema debe cumplir para estar en su estado óptimo, que especificarán tanto las condiciones que sitúan al sistema en su situación óptima, como las que le llevarían a un estado no posible.

Imagen 04: Instalación deportiva. *Un indicador de 'Dotación de zonas deportivas' estará comparando la superficie y tipo existente de zonas deportivas en un área urbana con los valores que serían óptimos [i.e.: los que tendría la 'organización optima'] para dicho tipo de tejido urbano.*

*El valor 'cero' suele considerarse el límite de insostenibilidad en los indicadores de dotaciones urbanas, porque constituye el límite de los estados posibles [ningún área urbana puede tener menos que 'cero' dotaciones], pero no necesariamente lo será para otros tipos de indicadores.*

Y desde la perspectiva lógica será interpretable como una estructuración de *reglas o afirmaciones*;

- *desde la Teoría de Conjuntos Difusos* la pertenencia a una clase global equivale a cumplir una sucesión de requisitos o reglas que establecen su pertenencia a clases parciales.
- *desde la Lógica de proposiciones* el grado de verdad de una afirmación global equivale al grado en que su información cumple una estructura de reglas que determinan el grado de verdad de *afirmaciones* parciales.

Podemos por tanto establecer una vinculación directa entre complejidad como *Organización* y las reglas de inferencia lógicas indicadas. **Un sistema pertenece a la clase de los sistemas sostenibles si su organización cumple ciertas reglas, y el grado en que las cumpla determina el grado de verdad de la proposición 'el sistema I es sostenible'.**

COMPLEJIDAD COMO EMERGENCIA

La *Emergencia* se refiere a la presencia de propiedades en los sistemas que no estaban presentes en sus componentes antes de constituir el sistema y habitualmente implica cierta *impredecibilidad*; podemos esperar que ciertas propiedades *emerjan* al juntarse los elementos, pero no podemos predecir el momento de su aparición ni su desarrollo con total exactitud.

Por tanto **la emergencia implica la existencia de estructuras de organización** [puesto que se produce como resultado de la interacción entre elementos] y estas estructuras que posibilitan la emergencia deben situarse lejos del equilibrio térmico:

- Son *estructuras disipativas*. 'Sostenerlas' en el tiempo requiere importar *neguentropía* continuamente del entorno y *disipar* constantemente entropía al entorno.
- Su aparición *implica diferentes niveles de Entropía [y por tanto de información]*. En el equilibrio entrópico desaparece la diferenciación y con ella el sistema.

La *emergencia* de un sistema como entidad requiere un diferencial de entropía entre el sistema y su entorno, remitiéndonos a la posibilidad de medir *Emergencia* en términos de neguentropía. Además, podremos medir la emergencia de ciertas propiedades en un sistema, que también requerirán reducción de entropía desde la situación previa a su aparición, y cuando revisemos el *Grado de Emergencia* de la *Sostenibilidad* como propiedad del sistema estaremos midiendo su *Grado de Sostenibilidad*[37].

---

[37] Generalmente, la emergencia de la identidad global de los sistemas se puede evaluar de forma binaria; 'es un sistema de tal tipo o no lo es'. Pero la emergencia de propiedades en los sistemas casi siempre se puede medir de forma difusa.

## EL GRADO DE SOSTENIBILIDAD COMO GRADO DE EMERGENCIA O NEGUENTROPÍA RELATIVA

En términos de Entropía, *podemos definir una organización como una distribución de elementos diferente a la de su entorno y cuya conformación desde la situación de equilibrio requiere una reducción de entropía; i.e.: un aporte de neguentropía relativa energía*[38].

Se establece por tanto una relación entre *neguentropía* y *emergencia* que nos servirá para medir *Grado de Sostenibilidad* como *Grado de Emergencia* o neguentropía relativa entre dos situaciones, **la de nula y completa emergencia de la identidad/sostenibilidad del sistema:**

- $S_T[I]=0$ constituye el *umbral* de entropía máxima que si es sobrepasado imposibilita la *emergencia* del sistema; *su identidad global no será posible*[39].
- $S_T[I]=1$ es el *umbral* de neguentropía que el sistema requiere para que *su Sostenibilidad emerja completamente;* reducir Entropía no incrementa la emergencia de su Sostenibilidad[40].

## LA DESCOMPOSICIÓN LÓGICA COMO NIVELES DE EMERGENCIA

Las propiedades emergentes no designan los elementos del sistema sino sus *cualidades*[41] [que aparecen una vez el sistema se ha constituido] y su análisis presenta una equivalencia completa con la lógica difusa. *El grado en que determinadas propiedades/cualidades emergen en un sistema equivale al grado de verdad cuando referimos dichas propiedades/cualidades al sistema.*

La Descomposición Lógica de la Sostenibilidad de un sistema es por tanto interpretable como una *jerarquía de niveles de emergencia*; un conjunto estructurado de medidas del grado de verdad de ciertas *cualidades* referidas al sistema.

Cada nivel implica propiedades del sistema no presentes en los niveles inferiores generando una sucesión de *niveles de emergencia*[42]; la emergencia de propiedades en cada nivel requiere la emergencia de ciertas propiedades en el nivel inferior. Y *la emergencia de la sostenibilidad en el nivel global solamente es posible si la emergencia de propiedades en los niveles inferiores satisface determinadas condiciones.*

Imagen 05: París. *Cuando valoramos la 'Calidad Urbana', casi todas las cuestiones que nos importa medir son propiedades emergentes [Paisaje Urbano, Accesibilidad, Confort Acústico, Seguridad Ciudadana, Vitalidad, etc...]*

*La 'buena calidad urbana' emerge como resultado de la interacción de 'buen paisaje urbano', 'buena accesibilidad', etc... La interacción de propiedades emergentes o cualidades en un nivel hace que emerjan otras en un nivel superior.*

---

[38] Adaptado de Lovelock [1979:31]

[39] La insostenibilidad completa de un sistema no implica la desaparición de sus elementos, y por tanto la insostenibilidad de los sistemas reales esta generalmente lejos del equilibrio térmico, puesto que la existencia de sus *elementos* también requiere diferencial de entropía.

[40] En algunos sistemas, su identidad lleva implícita la idea de sostenibilidad y será indiferente medir emergencia de la propiedad sostenibilidad o del sistema como entidad.

[41] "La emergencia es una cualidad nueva con relación a los constituyentes del sistema" [Morín, 1977:132].

[42] Recogiendo las afirmaciones de Morín [1977:134] quien afirma que *totalidad* implica emergencia, y que la *naturaleza es poli sistémica*, es decir, edifica unos sistemas sobre otros, una *arquitectura de emergencias* interpretable como *emergencias de emergencias.*

Cada propiedad emergente [cada concepto de la descomposición lógica] puede ser revisada en términos de *neguentropía relativa* desde la situación de no-emergencia o insostenibilidad; como la reducción relativa de entropía requerida para que dicha propiedad pueda emerger.

Y un indicador es por tanto una regla que permite transformar información referente a varios componentes de un sistema en el grado en que su interacción hace que determinada cualidad o propiedad emerja en el sistema.

En cierto modo, la Complejidad *como Organización supone una comprensión de los sistemas de arriba abaj*o [la existencia del sistema implica/requiere una determinada disposición de elementos] mientras que la *Complejidad como Emergencia supone la comprensión de abajo a arriba* [la emergencia de determinadas propiedades en un nivel permite que emerjan otras en niveles superiores][43].

Sin embargo, la realidad generalmente presenta una circularidad en la que las lecturas deben hacerse en ambas direcciones al mismo tiempo, determinismo y probabilismo se funden, y en general entendemos que *cierta configuración de elementos y relaciones 'maximiza la probabilidad' de que aparezca una propiedad o identidad global.*

---

[43] El propio significado del término *emerger* nos lleva a esta direccionalidad abajo-arriba.

## LA MEDICIÓN DEL GRADO DE COMPLEJIDAD

Hemos propuesto dos acercamientos al *Grado de Sostenibilidad* de los sistemas desde la perspectiva de *Complejidad*:

- Uno en que lo hacemos equivalente al *Grado en que su Organización concuerda con la óptima de su clase,* cuantificable en términos de *información mutua*
- Otro en que es el *Grado de Emergencia de la propiedad Sostenibilidad*, cuantificable en términos de *neguentropía relativa*.

Y ambos enfoques resultan compatibles en el marco de la Teoría de la Comunicación [Shannon, 1949], cuya conceptualización de la *información como reducción de incertidumbre* lleva a un isomorfismo matemático con la Entropía de la Termodinámica. Y utilizando sus fórmulas podemos considerar que medimos al mismo tiempo Entropía e Información.

La fórmula de la Información Común nos permite comparar el estado de un sistema I en un momento dado con el estado que tendría en la situación de Sostenibilidad total 'S'

- Como *grado de concordancia con su organización óptima* [complejidad como organización]
- Como *medida de neguentropía relativa respecto a la situación de no-emergencia* [complejidad como emergencia]:

$$I[I; s] = H[s] - H_s[I] \tag{27}$$

Siendo el primer término H[s]:

- La información[44] que describe completamente la organización optima o estado sostenible S
- La diferencia de entropía entre los estados de insostenibilidad ¬S y sostenibilidad total S

Y el segundo término $H_s[I]$:

- la cantidad de información en el sistema I que no coincide con su organización optima o estado S [el desconocimiento de I cuando S es conocido]
- el incremento de Entropía del sistema desde el estado S a su estado real I [entropía condicional de I].

Y si expresamos la formula anterior en forma *relativa* será una medida de *Grado de Complejidad*, que podremos interpretar en términos de *Grado de Sostenibilidad*[45].

$$I[I; s]_{\%} = 1 - \frac{H_s[I]}{H[s]} \tag{28}$$

---

[44] En sentido estricto, no se referirá a cantidad de información sino de *reglas*, pero lo veremos más adelante.

[45] El desarrollo detallado de esta formulación se incluye en A-VI.1.2    FORMULACIÓN    COMO    GRADO    DE    CERTIDUMBRE/NEGUENTROPÍA RELATIVA. De momento, basta con indicar que es posible medir esta cantidad.

## 2.2.1.3 SISTEMAS ADAPTATIVOS: SISTEMAS QUE EVOLUCIONAN

Los *Sistemas Adaptativos* son una clase de sistemas cuya **permanencia en el tiempo implica** *evolución*[46] o **cambio hacia estados de** *mayor desarrollo*.

Los SA evolucionan por el simple hecho de *existir* y por tanto su sostenibilidad implica la de su desarrollo o evolución. *Desarrollo Sostenible* y *Sostenibilidad* son la misma cuestión aplicada a los SA, y esto nos obliga a revisar el concepto de evolución o *desarrollo*, lo que haremos desde tres perspectivas que están interrelacionadas:

- la *evolución como incremento de su cantidad de organización*.
- la *evolución como medida comparativa de adaptación al entorno o coevolución*.
- la *evolución como avance hacia estados de mayor deseabilidad*, lo que se relacionará con la capacidad de aprendizaje, decisión y teleología de los Sistemas Adaptativos.

Vamos a revisar las dos primeras en este apartado.

### LA EVOLUCIÓN COMO INCREMENTO DE COMPLEJIDAD O CANTIDAD DE ORGANIZACIÓN

Numerosos autores consideran que la *evolución* de los sistemas se produce cuando incrementan su *cantidad de organización*, identificándola con el incremento del número de elementos [o cantidad de información] y relaciones diferentes [o cantidad de reglas]. **La evolución de los sistemas se materializa en un incremento de su *Complejidad Organizada*** y surgen varias denominaciones alternativas:

- Sistemas Auto organizadores [Von Foerster, 1960]
- Sistemas Auto diferenciantes [Von Bertalanffy, 1968]
- Sistemas de Complejidad Creciente [Margulis y Sagan, 1998 en Maldonado, 2010][47]

Las tres denominaciones anteriores aluden a los Sistemas Adaptativos como sistemas que *evolucionan* o incrementan su complejidad organizada en el transcurso del tiempo. **El incremento de *complejidad* se configura como la condición que determina la existencia o no de *evolución* entre dos estados de un sistema,** que podrá *evolucionar* de dos maneras:

- *Incrementando su Estructura de Relaciones;* incorporando nuevas reglas en la definición de su estructura; modificando e incrementando el número de sus estados posibles/no-posibles.
- *Incrementando su Diferenciación;* incorporando nuevos elementos diferentes y consecuentemente aumentando el número de interacciones posibles.

**La evolución de los SA podrá ser medida en términos de incremento de complejidad organizada u organización,** y su representación como jerarquías anidadas constituirá un instrumento para medir *organización*; la cantidad de *reglas* que regulan las interacciones entre elementos del sistema[48].

---

[46] Aunque algunos autores diferencian entre Sistemas Adaptativos SA [como sistemas que se adaptan] y Sistemas Evolutivos, SE [como sistemas que evolucionan], para la presente teoría consideramos que son iguales por dos motivos:
- muchos sistemas se adaptan en el corto plazo y evolucionan en el largo plazo; lo diferente no es el tipo de sistema sino el plazo de tiempo considerado.
- si un sistema se adapta a un *entorno evolutivo* tendrá elevadas probabilidades de desarrollar un comportamiento *evolutivo*.

[47] Se deriva de Von Bertalanffy [1968: 101] que los define como "sistemas que evolucionan hacia complejidad creciente".

Y por tanto, la complejidad de un sistema será aproximadamente proporcional a la cantidad de indicadores en su descripción. **A medida que los SA evolucionan, se incrementará el número de parámetros necesarios para describir completamente su Organización Optima.**

## LA INDEPENDENCIA DE LA SOSTENIBILIDAD Y LA EVOLUCIÓN

Hemos relacionado el *Grado de Sostenibilidad* con el *Grado de Organización*, y con ello sostenibilidad y evolución se vinculan a través de la *organización* de los SA. Sin embargo ambas propiedades son esencialmente independientes, en el sentido de que la modificación de una durante un intervalo de tiempo no implica necesariamente la modificación de la otra en la misma dirección.

**Un proceso evolutivo es un proceso que incrementa la cantidad de *organización* de un SA, pero una organización puede ser *buena* o *mala* y la sostenibilidad de los SA no se va a relacionar inequívocamente con su cantidad de organización[49].**

Antes hemos diferenciado tres aspectos en la organización de los sistemas [estructura de relaciones, diferenciación y orden], y el incremento constante de complejidad de los SA solo afectará [implicará] a los dos primeros. *Sus estructuras incorporarán cada vez más reglas y elementos diferentes*, pero el grado en que el *orden óptimo* se mantiene resultará *independiente* como evento.

La Complejidad Organizada de los SA nos proporciona una medida de su *Desarrollo o Evolución*. Pero esta evolución resulta independiente de su *Grado de sostenibilidad* que se va a relacionar fundamentalmente con el concepto de *orden*; con el grado en que la relación entre las partes y el todo acerquen al sistema a su estado óptimo.

Y el carácter evolutivo de los SA va a introducir una cuestión importante; **su organización óptima estará continuamente modificándose en el tiempo, no solo incrementando el número de reglas que incorpora, sino también modificándolas.** Y esto va a implicar un esfuerzo de adaptación y evolución constante; **un SA que no *evolucione* no podrá mantenerse en una situación óptima.**

Por tanto, podremos entender el **desarrollo sostenible** *como un proceso en el que un SA incrementa su 'cantidad de organización' manteniendo la máxima concordancia con la organización óptima para su clase de sistemas*; incrementa su *diferenciación* manteniendo su *orden óptimo*.

Complementariamente, los entornos también son sistemas. Y las características de la organización óptima y estados no posibles para una clase de sistemas vendrán determinadas por la comparación con las características del entorno y con otros SA de su clase, llevándonos hacia el concepto de coevolución, que revisamos a continuación.

---

[48] El contenido de *reglas* en un sistema se acerca a una medida de su *cantidad de organización*, puesto que cada regla diferente implica una relación diferente entre los mismos o diferentes elementos.

[49] El *tamaño de la organización* no será una cuestión relevante para la sostenibilidad de los SA. Tan sostenible podrá ser una colmena como una ciudad, siendo la *cantidad de organización* mucho mayor en el segundo caso.

## LA COEVOLUCIÓN DE LOS SISTEMAS

La evolución de los SA se materializa en una determinada organización y aparece así una relación entre evolución y sostenibilidad, que se materializa en **el concepto de *coevolución* que se refiere al grado en que la evolución de un sistema es coherente con la de su entorno[50].**

La *coevolución* será un fenómeno de emergencia[51] que implicará que la organización optima y los estados no posibles de los sistemas [equivalente a estado más apto/estados no-aptos] vendrán en parte determinados por la evolución del entorno en su conjunto[52]. Y la permanencia de un sistema requerirá que su evolución se dirija hacia estados de organización óptima.

### EL GRADO DE COEVOLUCIÓN O APTITUD COMO GRADO DE SOSTENIBILIDAD

El concepto de coevolución introduce otra cuestión relevante para la sostenibilidad de los SA; los sistemas necesitan evolucionar coherentemente con sus entornos, coherencia que podemos medir como Grado de Aptitud o Coevolución, siendo necesario revisar el concepto de *organización óptima*.

Los entornos evolutivos nos obligan a incorporar las condiciones de aptitud y coevolución en la organización óptima de los sistemas, que debe implicar coherencia con el entorno. Y desde esta perspectiva los valores extremos de S significan lo siguiente:

- $S_T[I]=1$, significa que en el momento temporal T el sistema se hallará en el estado de máximo desarrollo/aptitud posible en relación a su entorno [optima organización]. No existirán estados de mejor adaptación posibles [sin embargo, la organización óptima de los SA se modifica en el tiempo y en un momento posterior podrán existir estados mejores].
- $S_T[I]=0$ significará que en el momento temporal T el sistema alcanzará un estado de total no-desarrollo o no-aptitud en relación a su entorno [será un estado no posible]. El sistema desaparecerá por falta de adaptación a las características del entorno.

El análisis de los SA desde la perspectiva evolutiva introduce varias cuestiones importantes que deberán ser consideradas para la definición de la organización óptima de los sistemas:

La primera es que requiere **introducir el concepto de *clase de sistemas*.** La coevolución implica que *las características de la organización óptima para un sistema están en parte determinadas por [deben ser coherentes con] su clase de sistemas;* y esto nos lleva desde el aparente determinismo de la evolución hacia el probabilismo de la emergencia.

Los SA suelen existir en clases con numerosos individuos y las características de la organización óptima/no-apta emergerán como resultado de su interacción. *Su evolución puede interpretarse como un*

---

[50] En sistemas biológicos se puede relacionar con la "selección natural" [Darwin, 1859] o *supervivencia de los aptos*; la supervivencia de los no aptos no es posible y $S_T[I]=0$ coincidirá con el umbral de *no-aptitud* impuesto por la *selección natural*.

[51] La evolución es un *evento* y la coevolución hereda ese carácter de *evento o emergencia*. También se puede considerar un fenómeno de emergencia desde la perspectiva de que surge de la interacción entre diferentes sistemas.

[52] "el cambio debe ser visto en términos de coevolución de un sistema con otros sistemas relacionados, y no como adaptación a un ambiente separado y diferente" [Mitleton-Kelly, 2002:8]

"El ADN de un organismo es un 'libro' tanto acerca del propio organismo como acerca del entorno que habita, incluyendo aquellas especies con las que coevoluciona" [Adami et al, 2000: 4464] *proceso de emergencia,* y con ello, el planteamiento evolutivo se aparta del determinismo de la lógica convirtiéndose en *esencialmente no-determinable*[53].

La segunda es que los entornos imponen la *aptitud* como una condición para la sostenibilidad de los sistemas, y **los entornos evolutivos [y es cuestionable si existe alguno que no lo sea] nos obligan a entender la sostenibilidad completa como un estado de equilibrio dinámico en el que mantenerse exigirá continua adaptación y evolución.**

Los entornos también podrán imponer algunas restricciones a la desigualdad del desarrollo de diferentes SA. *La excesiva disparidad podrá reducir su estabilidad [y consecuentemente su sostenibilidad], mientras que la excesiva igualdad imposibilitaría la diferenciación y la evolución*[54]. El estado óptimo se va a situar en ese 'punto medio' casi siempre difícil de establecer[55].

La tercera es que el desarrollo implica un grado de deseabilidad, **introduciendo direccionalidad en los procesos de evolución de los SA** que será en parte *no consciente* pero en parte *consciente. La evolución de los SA no buscará únicamente optimizar los procesos sino también alcanzar estados 'deseados'* [Holland, 1996][56].

Y la evolución también adquiere importancia en un nivel conceptual. **El carácter evolutivo de los SA transforma la *Lógica Difusa* en una *Lógica Temporal*. El grado de verdad de las proposiciones se modifica en el tiempo, lo que hoy constituya un estado *óptimo o apto* de un sistema puede no serlo mañana.**

---

[53] La impredecibilidad de los sistemas la revisamos en 2.2.2     LA IMPREDECIBILIDAD DE LOS SISTEMAS

[54] Y su Sostenibilidad si existen otros entornos similares con mayor diferenciación [competidores].

[55] Referido a los SSE, esta cuestión se relacionará con [y podrá permitirnos encontrar solución a] problemas *distributivos* o de equidad.

[56] Otra forma de entenderlo es que la deseabilidad también forma parte de la valoración de los estados, y por tanto, el estado óptimo [mejor posible] de un sistema debe resultar deseable para dicho sistema.

## 2.2.1.4 EL ENTORNO DE LOS SISTEMAS

La sostenibilidad de los sistemas requiere la de su entorno; *cualquier SA necesita la existencia de un entorno en el cual poder ubicarse y que sea capaz de sostener sus intercambios de entropía, y vamos a revisar esta cuestión desde el* **modelo Sistema-Entorno,** planteamiento habitual de la Ecología.

### MODELO SISTEMA-ENTORNO

Hemos definido el *entorno* E de un sistema I como su *medio circundante* que incluye *todo aquello que no es el sistema I*. Sin embargo, esta definición de entorno plantea algunos inconvenientes:

- El primero es **conceptual,** en realidad el *Entorno contiene al Sistema*, y esto nos obliga a considerar que el *Entorno* que contiene al sistema es el *Sistema-Entorno.*
- El segundo es **operativo,** puesto que el *Entorno* como *no-sistema* va a englobar una extensión que lo convierte en inoperativo; *somos incapaces de trabajar con tanta información.*

Sin embargo, esta gran cantidad de información es muy superior a la que realmente determina/posibilita la sostenibilidad del sistema en los plazos que nos importan habitualmente, que previsiblemente tendrá poco que ver con lo que pase en el otro extremo del universo [que puede ser decisivo en escalas temporales mayores].

Y aunque aparentemente cuanto mayor sea la extensión del entorno que revisemos mejor es el análisis, en realidad trabajar con mayor cantidad de información de la necesaria es ineficiente e incrementa la probabilidad de cometer errores, haciendo necesario proponer algún criterio para limitar la extensión del entorno que se evalúa.

Este criterio es evaluar el mínimo entorno cuya insostenibilidad total implicaría la insostenibilidad del sistema, y lo determinaremos a partir de la condición de *accesibilidad*. El entorno que limitará la sostenibilidad de un sistema será su **Entorno Accesible**; aquel entorno al cual dicho sistema pueda acceder y ubicarse.

Sin embargo algunos sistemas pueden desplazarse/ubicarse en diferentes entornos [no necesariamente conectados] haciendo conveniente reformular la condición anterior. *La sostenibilidad de un sistema I será como máximo la de su* **Entorno Global Accesible** $E_A$ *que comprenderá la unión de todos sus entornos accesibles* $E_{Ai}$[57].

$$E_A = \bigcup_{i \in R} E_{A_i} \rightarrow \forall I \subset E_A \tag{29}$$

Siendo $E_A$ el entorno cuyo Grado de Sostenibilidad limitará la sostenibilidad de los sistemas.

La condición de accesibilidad permite entender que incluso dentro de una misma clase de sistemas, el grado de sostenibilidad de sistemas con similar estructura puede ser diferente si tienen diferentes entornos accesibles. **La sostenibilidad de un sistema estará** *condicionada* **a la de su entorno global accesible que se configura como límite a su sostenibilidad o capacidad de perdurar.**

---

[57] Si no fuera así, siempre podría existir otro entorno $E_i$ diferente de E al cual dicho sistema pudiera *desplazarse*, en cuyo caso su sostenibilidad no estaría limitada por el entorno E. El hecho de que $E_A$ sea el conjunto de todos los entornos en los que I pueda ubicarse hará que siempre se cumpla la condición de inclusión, puesto que I siempre estará incluido en $E_A$

*EL GRADO DE SOSTENIBILIDAD DEL ENTORNO GLOBAL ACCESIBLE COMO LÍMITE AL GRADO DE SOS-*
*TENIBILIDAD DE UN SISTEMA*

Lo anterior nos lleva a poder afirmar que la sostenibilidad de un sistema solo será posible si es coherente con la sostenibilidad de su entorno y los valores límites del Grado de Sostenibilidad de un sistema adquieren el siguiente significado:

- $S_T[I]=1$ implica que el estado del sistema I es óptimo y totalmente coherente con la sostenibilidad de su entorno; *la organización óptima de los sistemas debe ser coherente con los límites*
  *y necesidades del entorno.*

- $S_T[I]=0$ implica que el sistema I ha alcanzado su situación de disolución como consecuencia de
  la insostenibilidad total de su entorno; *si un sistema deja de tener entornos en los que poder*
  *ubicarse, su permanencia se convierte en no-posible.*

La condición de que la organización óptima de los sistemas sea coherente con la sostenibilidad de su
Entorno Global Accesible, nos acerca a la interpretación de la evolución de los sistemas en términos
de *eficiencia*. Existe un límite a la cantidad de neguentropía/entropía que el entorno puede pro-
veer/asimilar, y su uso eficiente por el sistema parece una condición para su *capacidad de perdurar*.

Sin embargo, la eficiencia de un sistema no guarda una relación inequívoca con su Grado de sostenibilidad, y deberemos reformularla transformándola en una medida de *Grado de Eficiencia*[58].

## LA REPRESENTACIÓN JERÁRQUICA DEL SISTEMA-ENTORNO

La sostenibilidad de su Entorno Global Accesible $E_A$ se convierte en condición necesaria para la sostenibilidad de los sistemas, y con ello **cualquier variable relevante para la sostenibilidad de $E_A$ lo es**
**también para la sostenibilidad de I,** cuestión que debe reflejarse en la representación jerárquica.

La conceptualización Sistema-Entorno está implícita en la *descripción* de cualquier SA; se adopta implícitamente al considerar que una parte de un todo es un SA[59]. Sin embargo, la representación jerárquica que separa las cuestiones relevantes para el entorno de las relevantes para el sistema en el
nivel superior de la jerarquía suele estar ignorando dos cuestiones:

- en sistemas con elevada 'cantidad de organización', esta separación en los niveles superiores
  de la jerarquía suele ser incorrecta; casi siempre existen cuestiones relevantes tanto para el
  Sistema como para el Entorno en diferentes niveles jerárquicos.

- estas representaciones suelen cuantificar el grado global de sostenibilidad del Sistema-
  Entorno como una agregación de la sostenibilidad del sistema y la de su entorno que no
  cumple la *condición de contención* que requiere que:

$$I \subset E_A \rightarrow S_T[I] \leq S_T[E_A] \rightarrow S_T[I] \equiv S_T[I] \cap S_T[E_A] \tag{30}$$

---

[58] Esta cuestión se desarrolla en anexo aparte [ver ANEXO IV    LA EFICIENCIA DE LOS SISTEMAS: EFICIENCIA VS GRADO DE EFICIENCIA]

[59] Ya hemos visto que el concepto sistema es en sí mismo un modelo Sistema-Entorno [Para mayor detalle, ver von Foerster, 1960]. En
sistemas reales, cualquier análisis que no revise el 'Universo' en su totalidad estará implícitamente asumiendo un modelo *Sistema-Entorno*.

Es decir, que si fuera posible una modelización separada de las cuestiones que determinan la sostenibilidad del sistema y las que determinan la sostenibilidad del Entorno, entonces la forma de agregación entre ambos valores no debería ser un *promedio* sino una *intersección*.

**La modelización *Sistema-Entorno* no debe interpretarse como la agregación de dos valores para determinar un valor global conjunto sino como la modelización de su intersección,** que establece la sostenibilidad del entorno como límite máximo a la sostenibilidad del sistema.

En general, en los SSE no es posible representar de forma separada la sostenibilidad del sistema y la de su entorno, y el modelo *Sistema-Entorno* debe interpretarse como un criterio *trasversal* a la *representación jerárquica*, que debe evaluar la sostenibilidad del conjunto:

- al revisar la formulación detallada de los indicadores en la descomposición jerárquica la sostenibilidad de $E_A$ se impone como *restricción* en la *pertenencia* a cualquier subclase $S_i$ dentro de la descomposición lógica:

$$\forall i \in I : S_T[I_i] \leq S_T[E_{Ai}] \rightarrow S_T[I_i] \equiv S_T[I_i] \cap S_T[E_{Ai}] \tag{31}$$

- al comprobar la completitud de la descripción, cualquier variable relevante para la sostenibilidad de entorno lo es también para el sistema, y la descomposición debe valorar su efecto sobre la sostenibilidad del conjunto.

## 2.2.2 LA IMPREDECIBILIDAD DE LOS SISTEMAS

La Teoría General de los Sistemas considera posible predecir el estado futuro de los Sistemas, pero en la realidad el estado futuro de la mayoría de los sistemas no es predecible con exactitud [para algunos no es predecible en absoluto], lo que relacionamos con los SA desde dos perspectivas:

- Son sistemas que pueden desarrollar *comportamientos caóticos*.
- Son sistemas con retroalimentación no lineal; que *aprenden y deciden*[60].

Vamos a revisar la primera de ellas.

### 2.2.2.1 TEORÍA DEL CAOS: DEPENDENCIA SENSIBLE Y NO LINEALIDAD

La Teoría del Caos trata de explicar por qué un sistema que se comporta de modo determinista puede incorporar sucesos *aparentemente aleatorios* [no predecibles]. Considera que la realidad es *"determinista y obedece las leyes fundamentales, pero a la vez es impredecible; su comportamiento aperiódico inestable hace imposible las predicciones exactas"*[61].

Como consecuencia, la Teoría del Caos plantea la aproximación al comportamiento de los sistemas como una combinación de dos modelos teóricos anteriores [Sabino, 1996:79]:

- El **modelo determinista** que sostiene que conociendo las condiciones iniciales de un sistema puede predecirse con exactitud el resultado final del mismo.
- El **modelo probabilista** que sostiene que el resultado final no puede predecirse con total exactitud, puesto que depende parcialmente del azar, y que para algunos sistemas no es posible conocer con total precisión sus condiciones iniciales.

Según la Teoría del Caos **no es posible conocer con exactitud el estado futuro de cualquier sistema que desarrolle comportamientos caóticos, pero no es debido al azar sino a que no podemos modelizar con total exactitud sus condiciones iniciales**[62].

Los sistemas [o procesos] caóticos presentan **dependencia sensible de las condiciones iniciales.** Los procesos que modifican los sistemas son iterativos; el resultado forma parte de la siguiente entrada amplificando exponencialmente las diferencias. Estados con mínimas diferencias pueden evolucionar hacia estados muy diferentes aunque sigan los mismos procesos[63].

Esto nos anuncia que la predicción del estado futuro de **cualquier sistema que incorpore *comportamientos caóticos* tendrá un grado de incertidumbre creciente a medida que aumente el periodo temporal considerado.**

---

[60] "cualquier sistema que aprende tiene retroalimentación no lineal" [Wiener, 1949]

[61] Adaptado de Gleick, 1988. Un sistema aperiódico es un "sistema que jamás alcanza la estabilidad y que 'casi' se repite, pero que nunca lo hace" [Gleick, 1988:30]

[62] "el caos retiene del determinismo clásico la idea de que [...] es posible trazar un modelo que explique la conducta de un sistema, pero sostiene que los sistemas pueden llegar a una variedad, en ocasiones infinita, de resultados posibles. La diferencia con el modelo probabilístico es evidente: hay leyes y una manera de calcular el resultado de un proceso, pero -la aparente semejanza es que- el resultado final no puede definirse de antemano, al igual que en un modelo al azar" [Sabino, 1996:79]

[63] Algo que sugiere Pointcaré [1903 citado en Crutchfield Et Al, 1986]: "sucede que pequeñas diferencias en las condiciones iniciales producen enormes diferencias en el estado final de los fenómenos. Un pequeño error en la modelización de las primeras produce un enorme error en las segundas. La predicción se vuelve imposible"

No obstante, los *sistemas caóticos* presentan *pautas de regularidades o patrones* que hacen que sean "puntualmente impredecibles pero globalmente estables" [Gleick 1988: 56]; "el conjunto de los resultados muestra regularidades bien definidas y precisas" [Sabino, 1996: 79].

Si representamos en un espacio de fases el *estado* de un sistema en un momento T mediante un punto, éste se desplazará por dicho espacio mostrando las variaciones del estado de dicho sistema.

Decimos que *un sistema posee un atractor si existe un punto, línea o región en el espacio de fases, al cual tiende el estado de dicho sistema a largo plazo*[64]. Y su análisis nos permite diferenciar tres tipos de comportamientos:

- Si el atractor del sistema es un punto, dicho sistema tiende a *un estado estacionario*. Una vez que alcance dicho estado, en muchas ocasiones ya no lo consideraremos un sistema.
- Si el atractor es una figura lineal [circulo, polígono, etc...], dicho sistema tiene un *comportamiento estable*; es decir, *periódico y predecible*.
- Si el atractor está formado por curvas que *se repiten aproximadamente*, sin llegar a cortarse, dicho sistema es *caótico;* tiene un comportamiento aperiódico inestable[65].

A este tipo de atractores *fractales* se les llama **atractores extraños**, *y constituyen pautas de regularidad dentro de comportamientos aparentemente caóticos.*

*Imagen 06: Atractor de Lorenz*

La designación del *Efecto Mariposa* plantea que una diferencia mínima en las condiciones iniciales puede tener un impacto enorme en el estado del sistema en el futuro: 'el aletear de una mariposa en Brasil podría producir un tornado en Estados Unidos' [adaptado de Lorenz, 1972].

El nombre elegido por Lorenz, podría estar inspirado en un proverbio chino, en el cuento "El Ruido del Trueno" [Bradbury, 1952] o incluso en la propia forma del atractor.

*"Hay orden en el caos: subyacente a los comportamientos caóticos encontramos elegantes formas geométricas que producen aleatoriedad" [Crutchfield et Al, 1986]*

Podemos modelizar mediante formas fractales los estados posibles de sistemas que desarrollan comportamientos caóticos, pero la dependencia sensible nos impide predecir en qué punto del atractor se encontrará el sistema en periodos temporales alejados.

Sin embargo, al revisar periodos suficientemente largos los sistemas caóticos presentan cierta **regularidad estadística**. Si no revisamos un punto sino una zona del atractor [puntos cercanos del atractor representan estados parecidos del sistema] encontramos que la frecuencia con que el sistema se sitúa dicha zona se mantiene estable independientemente de sus condiciones iniciales.

Por tanto, podemos establecer la probabilidad [como frecuencia estable] de que el sistema se encuentre en una situación con ciertas características globales.

---

[64] Un atractor representa el "comportamiento al que tiende el sistema en el largo plazo" [Crutchfield Et Al, 1986]

[65] "El atractor está formado por 'curvas similares que se repiten sin cortarse'; y por tanto su longitud es infinita; es decir, es un 'fractal'" [Ruelle y Takens citados en Gleick, 1988:146]. El sistema se convertiría en *periódico y estable* si las curvas se cortasen.

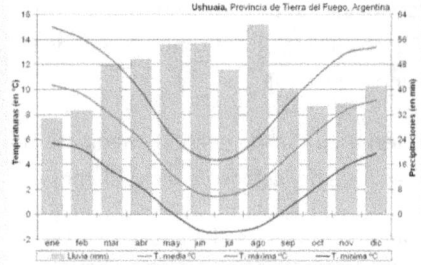

Imagen 07: Tablas de precipitación y temperatura. *El clima local con su regularidad estadística emerge como un patrón subyacente al comportamiento de un sistema caótico [la atmosfera].*

*Es imposible predecir con exactitud si hará sol un día cualquiera dentro de un año, pero podemos predecir aproximadamente cuantos días de sol habrá el año que viene, cuantos de lluvia, etc...*

La **estadística** y los **fractales** resultan dos herramientas útiles para detectar *patrones en los sistemas caóticos,* comprender sus comportamientos y realizar *predicciones aproximadas*[66]:

- La *Estadística* nos permite revisar tanto regularidades en el estado de los sistemas en periodos suficientemente prolongados como 'estimar la probabilidad de que el fenómeno revisado se encuentre en un rango de valores' [Feigenbaum, 1980].
- La *geometría fractal* nos lleva al análisis gráfico de los sistemas caóticos buscando detectar *fenómenos de autosimilitud* [propiedades que se repiten en diferentes escalas] y *atractores extraños* que representen su comportamiento en un *espacio de fases*.

La combinación de las cuestiones anteriores nos aporta tres perspectivas para revisar los sistemas caóticos:

- buscar propiedades que se repitan independientemente de la escala [autosimilitud y Fractales].
- comprenderlos y hacer predicciones en términos de *probabilidades*, a partir de tendencias y registros estadísticos.
- limitar el intervalo temporal de las predicciones a periodos no excesivamente alejados.

Y la impredecibilidad que implica la presencia de fenómenos caóticos en los entornos, va a hacer que los Sistemas Adaptativos busquen maximizar su Resiliencia o capacidad de resistir impactos imprevistos, que se incorpora como variable relevante para su Sostenibilidad.

EL GRADO DE SOSTENIBILIDAD DE UN SISTEMA COMO SU GRADO DE RESILIENCIA

La impredecibilidad del Caos introduce una variable nueva para la sostenibilidad; los entornos caóticos pueden implicar impactos no previstos, y al referirnos a SA ubicados en entornos caóticos [y es cuestionable si existe algún entorno que no incorpore comportamientos caóticos], se hace necesario revisar el concepto de *Estabilidad*.

El **Caos obliga a valorar la** *estabilidad* **de los SA en términos de su** *Resiliencia* *o capacidad de asimilar perturbaciones o impactos no previstos manteniendo su estructura. Cuanto mayor sea la resilien-*

---

[66] Ver ANEXO III    ESTADÍSTICA Y FRACTALES: PATRONES EN LA INFORMACIÓN DE LOS SISTEMAS

*cia de un sistema, menor será su insostenibilidad, al reducirse los posibles efectos negativos de per-turbaciones externas no predecibles*[67].

Y desde esta perspectiva, los valores extremos de S significan lo siguiente:

- $S_T[I]=1$, significa que en el momento temporal T el sistema se halla en su estado de máxima Resiliencia posible.
- $S_T[I]=0$ significa que en el momento temporal T el sistema alcanza su nula Resiliencia equiva-lente a su disolución[68].

Los estados de elevada resiliencia son más sostenibles, y *los conceptos de Estabilidad y Resiliencia referidos a los SA se vuelven sinónimos y condición suficiente para la Sostenibilidad:* **cuando la estabi-lidad y la resiliencia se prolongan 'indefinidamente' se convierten en Sostenibilidad**[69].

---

[67] Esto explica que la resiliencia es una variable presente en numerosas facetas habituales de los SSE, especialmente en economía. Un ejemplo son las limitaciones al endeudamiento máximo que la UE impone a sus miembros para que puedan soportar periodos de recesión.

[68] La Resiliencia nula de un sistema necesariamente implica su disolución, puesto que siempre existe cierta presencia de impactos desde los entornos [la propia tendencia al incremento de Entropía del Segundo Principio de la Termodinámica lo llevaría a su disolución].

[69] La sostenibilidad de los SA implica su máxima resiliencia, que a su vez implica su máxima estabilidad.

## 2.2.2.2 IMPREDECIBILIDAD DE LOS SA: SISTEMAS QUE APRENDEN, DECIDEN Y POSEEN TELEOLOGÍA

Los SA poseen varias cualidades que convierten sus estados futuros en altamente impredecibles:

La primera es que **su supervivencia requiere que estén en continua adaptación al medio;** los SA están recabando continuamente información acerca del estado de su entorno y adaptándose [modificando su estado] según la información recibida.

Y los SA se ubican e interactúan con entornos que son –al menos en parte- impredecibles y con ello sus conductas interiorizan la impredecibilidad de dichos entornos; *cualquier sistema que se adapte a un entorno impredecible desarrollará comportamientos necesariamente impredecibles.*

La segunda es que **son capaces de aprender y desarrollar conductas**; están en un continuo intercambio de información con su entorno y convirtiendo esta información en conocimiento y en *reglas de conducta* que sirven para explicar sus comportamientos[70].

Estas reglas se evalúan y perfeccionan continuamente. Cada vez que un SA aplica una *regla de conducta*, comprueba en qué grado ha constituido una respuesta satisfactoria, mantiene los aspectos que considera correctos y mejora los que considera mejorables.

Y cuando un SA modifica una *regla de conducta*, su siguiente respuesta a una misma situación es diferente a la anterior –mucho o poco dependiendo de la modificación realizada-, y *esta retroalimentación no lineal hace imposibles las predicciones en relación al estado futuro de los SA*[71].

La forma de actuar de los SA se relaciona con su *experiencia* y si esta es desconocida, puede no ser posible predecir su comportamiento ante determinados estímulos o en determinadas situaciones.

Pero además, la multiplicidad de situaciones posibles en el entorno hace imposible que un SA desarrolle una regla para cada situación diferente, y por ello los SA diseñan las reglas de manera que puedan interactuar entre ellas [Holland, 1996]:

- las reglas pueden funcionar en paralelo, y cuando implican *decisiones* diferentes los SA priorizan las que contienen mayor cantidad de información.
- la interacción entre reglas permite a los SA hacer frente a una multiplicidad de situaciones diferentes con un número reducido de reglas.
- la combinación entre reglas posibilita la *creatividad*, permitiendo a los SA responder también a situaciones no vividas anteriormente[72]

*La Creatividad de los SA incrementa la impredecibilidad de sus estados futuros, permitiéndoles diseñar respuestas no predecibles, a partir de una experiencia* normalmente no *totalmente modelizable.*

---

[70] La información se convierte en una variable capaz de explicar por si sola la esencia [e individualidad] de los SA. Los SA evolucionan a partir de la *información que reciben*; un sistema que no reciba información no *se adaptará ni evolucionará*; dos sistemas que reciban información diferente [o dos SA que perciban una misma información de diferente manera] podrán evolucionar de diferente manera.

[71] Requeriría poder modelizar todas las *reglas de conducta* desarrolladas por cada SA; que serán diferentes para cada uno, [no todos los SA de una clase poseerán la misma experiencia, y por tanto no todos desarrollaran la misma conducta]. Y aun así, las respuestas futuras del SA solo serían predecibles en el muy corto plazo.

[72] "Si tuviéramos bien definidas las partes de la situación que sabemos manejar, y pudiéramos combinar esas partes, entonces podríamos manejar situaciones que nunca hubiésemos visto antes" [Holland, 1996:10].

La tercera es que **son sistemas capaces de decidir. Cuando se enfrentan a un abanico de posibles formas de actuar, pueden elegir una u otra** dependiendo de una cantidad de criterios que en muchas ocasiones no pueden ser modelizados completamente.

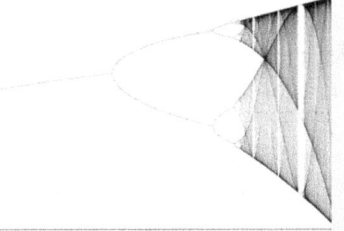

*Imagen 08: Fractal de Feigenbaum*

Si interpretamos el atractor como una modelización de un sistema con capacidad de decidir continuamente entre dos estados posibles; vemos que partiendo de una situación conocida, el sistema podría llegar en muy pocos pasos a un número elevado de situaciones diferentes; la predicción se vuelve imposible.

Los SA toman decisiones que en general son *racionales*[73] y ello implica cierta predictibilidad si los criterios de decisión son conocidos, pero se convertirá en impredecibilidad si no lo son o lo son respecto a un entorno no predecible. *La interacción con entornos caóticos/adaptativos introducirá impredecibilidad incluso en decisiones esencialmente racionales:*

- Limitando las opciones posibles[74].
- Obligando a decidir en relación a impactos no previstos o situaciones futuras no completamente predecibles[75].
- Obligando a tomar decisiones cuyo resultado depende en parte de las decisiones de otros SA que no son previsibles con exactitud[76].

**La capacidad de decisión de los SA constituye otro factor de impredecibilidad.**

Sin embargo, **los SA poseen teleología; cualidad que reduce la impredecibilidad de sus estados futuros.** Son capaces de fijarse *metas* [equiparables a estados deseados] y desarrollar estrategias para alcanzarlas, y *la impredecibilidad se reduce si esas metas o estados deseados son 'conocidos'*[77].

La Teleología de los SA busca dirigirles hacia el que consideran será su *estado óptimo*. Pero éste depende en parte de su entorno, y por ello los SA van a tratar de *anticipar* [predecir] el estado futuro del entorno, para poder *imaginar* cuáles serán sus estados óptimos y dirigir su cambio hacia ellos.

Y esta *necesidad de anticipación* se enfrenta con la impredecibilidad de los entornos caóticos, evolutivos e integrados por otros agentes con capacidad de decisión propia. El futuro no es predecible con exactitud, las situaciones reales serán siempre diferentes de las esperadas, y para contrarrestarlo los SA desarrollan dos estrategias:

---

[73] No existe una única definición de *decisor racional*. De momento vamos a definir un decisor racional como aquel que siempre elige la opción que mayor *utilidad* le reporta de entre el conjunto de las opciones posibles. Esta definición la iremos ampliando progresivamente

[74] Por ejemplo, una crisis financiera *no-predecible* reduce los recursos económicos de sistemas esencialmente organizados [ciudades, países,…], condicionando sus posibles *elecciones racionales*.

[75] Equivale a tomar decisiones con *información incompleta*, lo que puede transformar elecciones racionales en decisiones erróneas.

[76] Esto nos acerca a la Teoría de los Juegos, de importancia fundamental para entender los comportamientos de los SSE.

[77] En los SSE el *grado de deseabilidad* de diferentes estados podrá ser relativamente conocido mediante análisis estadísticos.

- incrementar su **Resiliencia** [cuestión ya comentada]
- **monitorizar sus entornos,** revisando el desarrollo de acontecimientos respecto a las previsiones, y corrigiendo los errores de predicción.

**La impredecibilidad no impide que los SA realicen predicciones, pero les obliga a establecer plazos de predicción adecuados a cada tipo de predicción; a monitorizar el desarrollo real de los acontecimientos [introduciendo las correcciones necesarias]; y a incrementar su Resiliencia para poder resistir impactos no previsibles[78].**

EL GRADO DE SOSTENIBILIDAD COMO GRADO EN QUE UN ESTADO ES RACIONALMENTE DESEADO

Los SA son sistemas con teleología; sus acciones requieren la toma de decisiones que adquieren *direccionalidad*. Los sistemas obtienen diferente utilidad de diferentes estados y sus procesos de toma de decisiones tratan de *dirigirlos* hacia los estados más preferidos o deseados[79].

Y para cualquier SA *racional* la sostenibilidad debe constituir su estado *preferido* porque es el *óptimo*; i.e.: el estado que le proporciona mayor utilidad y por tanto hacia el cual éste debe dirigirse. **La existencia de estados óptimos genera direccionalidad en los procesos de decisión.**

La *deseabilidad racional* se incorpora como variable relevante para la sostenibilidad de un estado de un SA, y la *no-deseabilidad racional* para su *in-sostenibilidad*. **Ningún SA trata de perpetuar una situación o estado no deseado; intentará siempre de modificarla hacia situaciones más *preferidas*. El *Grado de no-deseabilidad* se convierte en un *Grado de insostenibilidad*.**

Y desde esta perspectiva, los valores extremos de S significan lo siguiente:

- $S_T[I]=1$, significa que en el momento temporal T el sistema se halla en el estado de máxima deseabilidad racional posible[80].
- $S_T[I]=0$ significa que en el momento temporal T el sistema alcanza un estado totalmente no-deseado [de nula deseabilidad racional] en el cual desaparece como entidad con capacidad de decisión.

Es importante insistir en que la *preferencia* de los SA de unos estados frente a otros es sostenible si se asienta sobre criterios racionales. Es decir, **el grado de preferencia debe basarse en el grado en que un estado es óptimo para el sistema e implicar coherencia con el entorno.**

La sostenibilidad constituye un *estado deseado* y podremos considerar el grado de Sostenibilidad una función de utilidad para la toma de decisiones, con aplicaciones interesantes especialmente en los SSE, donde las decisiones colectivas necesitan ser tomadas constantemente[81].

---

[78] En el caso de los SSE, también les llevara a buscar 'acuerdos globales' que limiten las posibles decisiones de otros agentes en aquellos aspectos que consideran más importantes [ver Alvira, 2017a].

[79] Vamos a considerar *preferido* equivalente a *deseado* y que ambos impliquen *racionalidad* o maximización de la *utilidad racional* que se obtiene de cada estado. Se trata por tanto de una *deseabilidad* que busca dirigir los procesos del sistema hacia estados que son preferidos porque son *óptimos*.

[80] Este hecho hace que alternativamente podamos designar al límite de sostenibilidad de las variables como *objetivo de sostenibilidad*.

[81] Ver ANEXO VIII    TOMA DE DECISIONES

## 2.3 UNA APROXIMACIÓN A LA SOSTENIBILIDAD COMO PROBABILIDAD

La impredecibilidad del estado futuro de los SA se incrementa con los plazos de predicción y hace necesario entender las afirmaciones referidas a la sostenibilidad en términos de *probabilidades* y no de *verdades absolutas*. Esto nos acerca a la Teoría de la Probabilidad, lo que requerirá diferenciar entre dos conceptualizaciones de *probabilidad* posibles [Popper, 1935; Hacking, 1975]:

- **probabilidad *objetiva* o frecuencia esperada de un resultado aleatorio** [o cuando menos, no predecible con total exactitud] en una serie de repeticiones
- **probabilidad *subjetiva* o grado de creencia** racional de una persona en la veracidad de una proposición.

Vamos a comenzar por la probabilidad entendida como frecuencia estable.

### 2.3.1 SOSTENIBILIDAD COMO PROBABILIDAD OBJETIVA O PROBABILIDAD DE PERDURAR

Previamente a la conceptualización que vamos a proponer, resulta conveniente revisar algunas definiciones:

- *Experimento Aleatorio:* operación u observación de resultado no predecible con exactitud.
- *Punto Muestral o Resultado:* cada uno de los resultados posibles.
- *Espacio Muestral o de Resultados [R o Ω]:* conjunto de todos los resultados posibles[82].
- *Sucesos o Eventos [r]:* subconjuntos de resultados; i.e.: por tanto conjuntos r en R.

Además, existen algunos sucesos singulares y relaciones ente sucesos que nos interesa definir/revisar:

- *Sucesos iguales:* dos sucesos son iguales si integran los mismos resultados; la ocurrencia de uno implica la ocurrencia del otro.
- *Sucesos Incompatibles:* dos sucesos son incompatibles [disjuntos o mutuamente excluyentes] si no existe ningún resultado común a ambos; la ocurrencia de uno imposibilita la del otro.
- *Suceso complementario:* el suceso complementario de otro es aquel que contiene todos los resultados posibles no incluidos en el primero.
- *Sucesos dependientes:* dos sucesos son dependientes cuando la ocurrencia de uno modifica la probabilidad de ocurrencia del otro.
- *Sucesos independientes:* dos sucesos son independientes cuando la ocurrencia de uno no tiene ninguna influencia sobre la ocurrencia del otro.

Es importante indicar que cualquier operación sobre eventos es también un evento.

---

[82] El concepto de *resultado posible* se relaciona con algo ya comentado anteriormente; la *insostenibilidad absoluta* es un estado no-posible del sistema [implica su desaparición]; no pertenece al espacio de resultados del sistema. Esto nos llevará a afirmar que el espacio R del sistema coincide con S; cualquier resultado del sistema requiere un 'grado de S' para ser posible.

## 2.3.1.1 PROPIEDADES DE LOS SUCESOS Y RELACIONES ENTRE SUCESOS

ISOMORFISMO CON LA TEORÍA DE CONJUNTOS:

Los sucesos son *conjuntos* y poseen las propiedades de los conjuntos ya revisadas, y aunque el concepto de *Grado de pertenencia* de los conjuntos difusos no coincide con el concepto de *probabilidad* como *frecuencia estable de un suceso*, existen numerosos isomorfismos entre ambas teorías.

El más evidente se refiere al rango de valores posibles de ambas funciones:

$$0 \leq P[A] \leq 1$$
$$0 \leq f_A[a] \leq 1$$

(32)

También la propia comparación de la terminología de la Teoría de Conjuntos y la Teoría de la Probabilidad muestra un paralelismo entre ambas, siendo equivalentes muchas de sus expresiones:

**TABLA 01_ COMPARACIÓN TEORÍA DE CONJUNTOS TEORÍA PROBABILIDAD**

|  | TEORÍA DE CONJUNTOS | TEORÍA DE PROBABILIDAD |
|---|---|---|
| R Ω | Universo | Espacio Muestral [Evento Seguro] |
| A ∈ R | A pertenece a R | A es un evento posible en R |
| ∅ | Conjunto vacío | Evento Imposible |
| A ∪ B | A unión B | Evento A o Evento B (1) |
| A ∩ B | A intersección B | Evento A y Evento B (2) |
| ¬A | Complemento de A | Evento no-A |
| A ⊂ B | A es subconjunto de B | A implica B (3) |
| A ∩ B =∅ | A y B son disjuntos | A y B mutuamente excluyentes (4) |

FUENTE: compilación de Allende, 1998: 6
En algunos casos el universo podrá ser designado con otras letras
  (1)  Puede suceder cualquiera de ambos eventos
  (2)  Deben suceder ambos eventos
  (3)  Si sucede A, entonces sucede B
  (4)  A y B no pueden suceder a la vez

Existen paralelismos pero también diferencias. Los conjuntos *son* mientras que los eventos *ocurren*. La Teoría de conjuntos trata de lo que *'es'* mientras que la de la Probabilidad trata de lo que *'será'*.

Sin embargo, al revisar la pertenencia a la clase Sostenibilidad, podemos establecer cierta equivalencia entre los conceptos de *Probabilidad* y *Grado de pertenencia* desde dos perspectivas diferentes:

- desde el espacio-tiempo de Minkowsky, en el que la *"física deja de ser un 'suceder' en el espacio tridimensional para convertirse en un 'ser' en el mundo cuadridimensional" [Einstein, 1916: 64]*, considerando la probabilidad de ocurrencia [o frecuencia estable] como el grado en que un objeto *es* en el tiempo.
- desde la transformación de la lógica difusa en lógica temporal que impone la evolución de los SA, que obliga a transformar la lógica de *lo que es* en la lógica de *lo que será*, y *lo que será* debe ser enunciado en términos de probabilidades, es decir, como *eventos probables*.

Vamos a revisar otras propiedades u operaciones posibles entre eventos.

## IMPLICACIÓN DE DOS SUCESOS

Si A es un subconjunto de B entonces A implica B; siempre que ocurre A ocurre B, y por tanto, la probabilidad de A siempre será menor o igual que la de B.

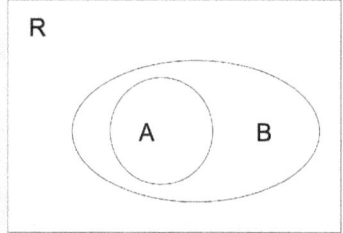

Figura 17: La relación de implicación entre dos sucesos *nos confirma que la sostenibilidad de un sistema nunca podrá ser mayor que la del entorno que lo contiene:*

$$A \subseteq B \longrightarrow P(A) \leq P(B)$$

*La implicación de dos eventos también es importante para el diseño de indicadores, que deberán siempre referirse a eventos $S_i$ implicados en el evento S.*

## PROBABILIDAD DEL SUCESO IMPOSIBLE

El suceso imposible es aquel que no puede *suceder*; su probabilidad es nula o, dicho de otra manera, su probabilidad nula implica su *imposibilidad*:

$$P(\emptyset) = 0 \tag{33}$$

*Equivale a la **falsedad completa** de la lógica o la insostenibilidad absoluta:*

$$P(I) = 0 \leftrightarrow S[I] = 0 \tag{34}$$

## PROBABILIDAD DEL SUCESO SEGURO

El suceso seguro es aquel que siempre ocurre; comprende el conjunto de todos los resultados posibles, y su probabilidad es igual a 1:

$$P(R) = 1 \tag{35}$$

*Equivale a la **total verdad** de la lógica o la sostenibilidad completa:*

$$P(I) = 1 \leftrightarrow S[I] = 1 \tag{36}$$

Las dos cuestiones anteriores son fundamentales porque la existencia de un sistema requiere al menos dos elementos diferentes que interactúan entre sí y con su entorno.

Y si consideramos el sistema más sencillo posible [en que cada uno de ellos pueda ser descrito con una variable[83]] su sostenibilidad impondrá límites a los valores de dichas variables mientras que su insostenibilidad podrá producirse si cualquiera alcanza valores que imposibiliten su permanencia[84].

---

[83] Se trata de un ejercicio teórico, puesto que la sostenibilidad del entorno nunca podrá ser descrita mediante una única variable, salvo que implique una agregación de gran cantidad de información.

**Las descripciones de los sistemas no pueden incorporar ninguna variable capaz de garantizar su sostenibilidad, pero pueden contener variables capaces por sí solas de *imposibilitarla*[85].**

PROBABILIDAD DEL SUCESO CONTRARIO O COMPLEMENTARIO

Dado un suceso A, decimos que su suceso contrario o complementario ¬A es aquel que se verifica si y solo si no se verifica A[86], y por tanto cumple:

$$P(\neg A) = 1 - P(A) \tag{37}$$

La probabilidad del suceso contrario a un suceso es su *improbabilidad* y aparece una *equivalencia entre la sostenibilidad como probabilidad y la insostenibilidad como improbabilidad*:

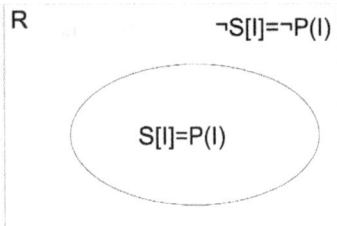

Figura 18: La Insostenibilidad es el suceso contrario de la Sostenibilidad *en el espacio muestral realidad R*

$$P(\neg I) = 1 - P(I) \leftrightarrow \neg S[I] = 1 - S[I]$$

*La insostenibilidad absoluta es un 'evento' posible en el espacio Realidad, pero no un estado posible del sistema; y por tanto si consideramos el conjunto de los SA como espacio muestral, no estará representada.*

Como sucesos contrarios sus probabilidades suman '1' [o se produce uno o se produce el otro] y por tanto **la probabilidad de perdurar significará improbabilidad de no perdurar**.

PROBABILIDAD DE LA UNIÓN DE DOS SUCESOS

Es la probabilidad de que ocurra cualquiera de los dos y será la suma de la probabilidad de ocurrencia de cada uno menos la probabilidad de ocurrencia de su intersección:

$$P(A \cup B) = P(A) + P(B) - P(A \cap B) \tag{38}$$

Si los sucesos son *disjuntos*, entonces la probabilidad de su unión será la suma de sus probabilidades individuales [puesto que su intersección es nula]

$$P(A \cap B) = 0 \leftrightarrow P(A \cup B) = P(A) + P(B) \tag{39}$$

---

[84] En sistemas reales los ejemplos son numerosos; un programa informático si se termina el suministro eléctrico; una ciudad si se superan determinados niveles de radioactividad o de ruido, etc...

[85] Decimos *pueden* porque en un sistema elemental como el descrito, la descripción necesariamente incluirá variables capaces de producir la insostenibilidad por sí solas, pero en sistemas de mayor dimensión, podrá requerir la acción conjunta de grupos de variables.

[86] En términos lógicos, la verdad de ¬A implica la falsedad de A, y la verdad de A implica la falsedad de ¬A

Por otra parte, de las ecuaciones anteriores podemos deducir que:

$$P\left[\bigcup_{i=1}^{n} A_i\right] \leq \sum_{i=1}^{n} P[A_i] \tag{40}$$

Y si dividimos ambos términos entre el número de sucesos 'n', tendremos que:

$$\frac{1}{n} * P\left[\bigcup_{i=1}^{n} A_i\right] \leq \frac{1}{n} * \sum_{i=1}^{n} P[A_i] \tag{41}$$

**Por tanto, la equivalencia entre indicadores de sostenibilidad y funciones de probabilidad, impone el valor de su media aritmética como límite superior al grado de sostenibilidad de un sistema.**

PROBABILIDAD DE LA INTERSECCIÓN DE DOS SUCESOS

Es la probabilidad de que ambos sucesos ocurran a la vez:

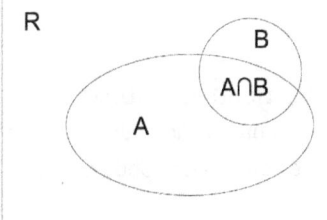

*Figura 19:* Intersección de dos sucesos

$$P(A \cap B) = P(A) * P(B|A)$$

*Y debe cumplir una condición general en todos los casos:*

$$P(A \cap B) \leq P(A); P(B)$$

*Intersección de sucesos dependientes*

Se dice que dos sucesos A y B son dependientes cuando la ocurrencia de uno modifica la probabilidad de ocurrencia del otro y nos interesa relacionarlo con la propiedad de inclusión. **Si un suceso A está contenido en otro suceso B** *siempre que ocurre A ocurre B* y entonces:

$$A \subset B \rightarrow P(B|A) = 1 \rightarrow P(A \cap B) = P(A) \tag{42}$$

*Intersección de sucesos independientes*

Dos sucesos A y B son independientes cuando la ocurrencia de uno no tiene ninguna influencia sobre la ocurrencia del otro, para lo cual se debe verificar alguna de las condiciones:

$$P(A|B) = P(A) \leftrightarrow P(B) > 0 \tag{43}$$

$$P(B|A) = P(B) \leftrightarrow P(A) > 0 \tag{44}$$

$$P(A \cap B) = P(A) * P(B) \tag{45}$$

Nos interesa la última condición, que indica que si dos sucesos son independientes la probabilidad de su intersección es el producto de sus probabilidades[87].

---

[87] Se relaciona con la sostenibilidad del Sistema Entorno [que pueden alcanzar su insostenibilidad de manera independiente] y la justificación de la formulación del Grado de Eficiencia [ver ANEXO IV    LA EFICIENCIA DE LOS SISTEMAS: EFICIENCIA VS GRADO DE EFICIENCIA

## PROBABILIDAD CONDICIONADA DE DOS SUCESOS

La probabilidad de un suceso A condicionada a otro suceso B se expresa mediante la fórmula:

$$P(A|B) = \frac{P(A \cap B)}{P(B)} \qquad (46)$$

Es la probabilidad de que el evento A suceda una vez que ha sucedido B; supone redefinir el *espacio de resultados* de A, desde R [todos los resultados posibles] a B [resultados comprendidos en B], y dado que...

$$P(A \cap B) \leq P(B) \qquad (47)$$

...el máximo valor se alcanzará para el caso de que B sea un subconjunto de A, en cuyo caso

$$B \subseteq A \leftrightarrow P(A|B) = 1 \qquad (48)$$

### 2.3.1.2 EL GRADO DE SOSTENIBILIDAD DE UN SISTEMA COMO SU PROBABILIDAD DE PERDURAR

La probabilidad de la intersección de dos sucesos nos permite modelizar la probabilidad de cualquier suceso como la probabilidad de su intersección con el *suceso seguro* que comprende todos los *resultados posibles*, y que por tanto *sucederá* con total seguridad[88]:

$$P(A \cap \Omega) \equiv f_{\Omega}[A] \equiv P(A) \qquad (49)$$

Y dado que cualquier sistema desaparece en el momento T en que deje de poseer algún *Grado de sostenibilidad, la sostenibilidad de un sistema puede ser interpretada como el suceso seguro;* y la probabilidad de un SA de perdurar como su intersección con el suceso *Sostenibilidad*, es decir:

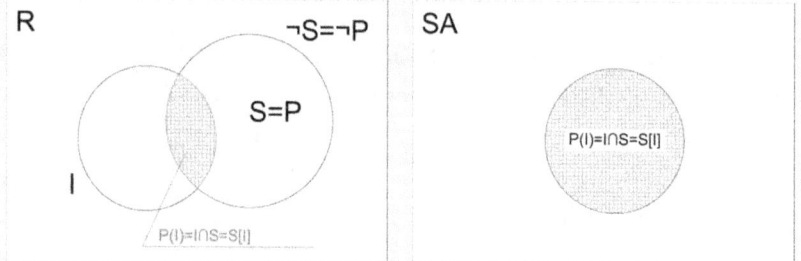

Figura 20: El Grado de Sostenibilidad como probabilidad de la intersección entre el sistema y el evento S *Sostenibilidad [o como la improbabilidad de su imposibilidad]. Si consideramos R [realidad] como espacio de resultados que comprende todas las posibles configuraciones de los elementos del sistema, S representa las que posibilitan el sistema y ¬S las que lo imposibilitan. Si consideramos SA como espacio muestral, la insostenibilidad no estará representada.*

$$P(I \cap S) \equiv f_S[I] \equiv P(I) \qquad (50)$$

---

[88] El *Suceso Seguro* siempre sucede, por tanto esta intersección no impone restricciones a P[A]

La probabilidad del suceso *Sostenibilidad* es la representación del sistema sobre el espacio que comprende el conjunto de todos los estados *posibles* de un sistema. Si en un momento temporal T un sistema no está representado [al menos mínimamente] sobre el espacio S su perduración es imposible. El espacio ¬S representa la imposibilidad o estados no posibles del sistema.

$$P(I \cap S) = 0 \rightarrow S[I] = 0 \tag{51}$$

**La probabilidad e improbabilidad de un sistema de perdurar son su representación sobre los espacios S y ¬S, y por tanto coinciden con su Grado de Sostenibilidad y Grado de Insostenibilidad.**

Y desde esta perspectiva, los valores extremos de S significan lo siguiente:

- $S_T[I]=1$ significa que en el momento T su probabilidad de perdurar es completa.
- $S_T[I]=0$ significa que a partir del momento T la perduración del sistema es un evento no-posible.

Llegamos por tanto a una conceptualización del Grado de Sostenibilidad de un sistema como **su probabilidad de perdurar; que es máxima cuando el sistema se encuentra en su situación óptima**[89], coincidiendo por tanto con las conceptualizaciones anteriores.

### *2.3.2 SOSTENIBILIDAD COMO PROBABILIDAD SUBJETIVA O GRADO DE CREENCIA*

La definición de probabilidad subjetiva como **grado de creencia racional en la veracidad de una afirmación** puede ser considerada una adaptación de la lógica de proposiciones a las predicciones sobre hechos reales.

Por una parte, supone conceptualizar la medida de la probabilidad en todos los casos como una medida de *grado de verdad* y no de *frecuencia esperada*[90]. Pero la impredictibilidad inherente a la realidad nos impide tener certezas absolutas; nuestras afirmaciones incorporan siempre cierta incertidumbre y no deben ser interpretadas como *verdades* sino como *creencias racionales*[91].

Mientras el determinismo de la Teoría General de Sistemas se corresponde con la rotundidad de la *lógica clásica* que afirma que los objetos *son,* la incertidumbre del Caos y la retroalimentación no lineal nos acerca a la relatividad de la *probabilidad subjetiva* que afirma que los objetos *pueden ser.*

---

[89] La definición de Óptimo como "sumamente bueno, que no puede ser mejor" [RAE, 2021], implicará necesariamente un estado en el cual la probabilidad del sistema de *perdurar* es máxima; de lo contrario, existiría un *estado mejor*.

[90] En cierto modo, la Probabilidad Subjetiva supone interpretar las afirmaciones de la Teoría de la Probabilidad "sustituyendo los eventos por afirmaciones de que dichos eventos han ocurrido u ocurrirán; y entendiendo la medida de la probabilidad como una medida de la verdad de dichas afirmaciones, no de la ocurrencia de los eventos afirmados" [Boole, 1854:190]

[91] Alternativamente, podríamos conceptualizar la *probabilidad como 'frecuencia estable'* como un caso particular en el cual nuestro grado de creencia acerca de un resultado viene avalado por datos previos; es decir, por el resultado de situaciones similares ya acontecidas.

#### 2.3.2.1 EL GRADO DE SOSTENIBILIDAD COMO GRADO DE CREENCIA RACIONAL ACERCA DE LA VERACIDAD DE LA AFIRMACIÓN 'EL SISTEMA ES SOSTENIBLE'

Esta perspectiva nos permite conceptualizar el *Grado de Sostenibilidad* de un sistema como una medida de *probabilidad subjetiva*, es decir, del *Grado de creencia racional* en la veracidad de la afirmación *'el sistema es sostenible'*, y los valores extremos de S significan lo siguiente:

- $S_T[I]=1$ significa que nuestra creencia en la veracidad de la afirmación *'en el momento temporal T el sistema es sostenible'* es completa.
- $S_T[I]=0$ significa que nuestra creencia en la veracidad de la afirmación *'en el momento temporal T el sistema es insostenible'* es completa.

Nuestras afirmaciones acerca de la *Sostenibilidad* son interpretables en términos de nuestro grado de creencia racional acerca de su veracidad [carecería de sentido afirmar la verdad de algo en una medida diferente a aquella en la que creamos que lo afirmado sea cierto].

Sin embargo, no podemos desarrollar una formulación específica para medir el *Grado de creencia*, y propondremos una formulación que se apoya en cierto parecido semántico; *nuestro grado de creencia en la verdad de una afirmación está muy relacionado con nuestro grado de certidumbre en su verdad*.

Esto nos permitirá medir *aproximadamente* el *Grado de Creencia Racional* mediante una formulación para cuantificar el *Grado de Certidumbre* basada en la Entropía de Shannon, aplicándola a una descomposición lógica de la sostenibilidad, llegando a una coincidencia con la formulación del grado de sostenibilidad desde la Complejidad[92].

Para ello es necesario interpretar la *descomposición lógica* del concepto sostenibilidad en términos de *asignación de probabilidades o codificación de información*, cuestión que revisamos a continuación.


### 2.3.3 LA DESCRIPCIÓN JERÁRQUICA COMO SISTEMA DE PROBABILIDADES

Ya hemos relacionado la descomposición lógica de la sostenibilidad de los SA con otras teorías revisadas, y ahora vamos a relacionarla con la Teorías de la Comunicación/Probabilidad, lo que va a permitir algunas interpretaciones interesantes.

La Teoría de la Comunicación mide la información transmitida por un mensaje en relación a las probabilidades de diferentes *sucesos* [o mensajes] de ser *transmitidos*, y cuando es posible establecer un sistema de probabilidades [frecuencias estables] de una fuente decimos que existe un *Código* para interpretarla.

---

[92] Sin Embargo, existe un diferencia importante entre *grado de creencia* y *grado de certidumbre*. Un *grado de creencia* cero implica creer que un hecho no sucederá. Un *grado de certidumbre* cero indica desconocimiento acerca de si sucederá o no.

Esta diferencia, que detallaremos posteriormente [ver A-VI.1.2 FORMULACIÓN COMO GRADO DE CERTIDUMBRE/NEGUENTROPÍA RELATIVA] hará que la formulación del Grado de Certidumbre sea útil como *fórmula de verificación*, pero no para el cálculo del *Grado de Creencia*.

Y esto quiere decir que la *descomposición jerárquica* de la sostenibilidad de una clase de sistemas es un código que nos permite *comprender* los sistemas representados, interpretable como una asignación de probabilidades a cada significado [indicador] representado[93]:

- Establecer la *descomposición jerárquica* de la sostenibilidad de una clase de sistemas X supone atribuir a cada concepto una *probabilidad objetiva* **que depende de su posición en la *organización jerárquica*, y** que determina la cantidad de información máxima y mínima que puede aportar al valor agregado; i.e.: su nivel de significación.
- Y el valor de cada indicador para un sistema I supone atribuir a dicho concepto una **probabilidad subjetiva o grado de creencia en su veracidad como afirmación referida al sistema.**

*Ambas cuestiones resultan independientes como eventos y* **la información que proporciona cada indicador al indicador agregado viene determinada por su intersección que podremos modelizar mediante la fórmula de la Información Común.**

Vamos revisar en detalle cada uno de dichos términos para una jerarquía con dos niveles[94].

### 2.3.3.1 PROBABILIDAD OBJETIVA DE CADA INDICADOR

La organización jerárquica de los indicadores o subclases $S_i$ implícitas en el concepto sostenibilidad S para una clase de sistemas I, supone asignar a cada indicador [o subclase] cierta probabilidad, que se relaciona con su importancia o *significación* en relación a la conformación del grado de verdad de la afirmación global; y podremos describir una jerarquía en dos niveles como:

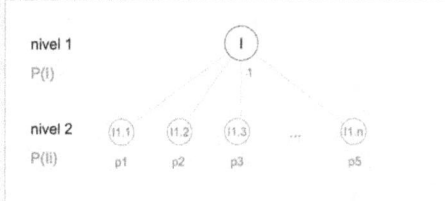

Figura 21: Jerarquía de dos niveles. *Probabilidad 'objetiva' para cada uno de los indicadores de una jerarquía de dos niveles según la Organización Jerárquica de la clase de sistemas [la suma deberá ser igual a 1]:*

$$P_x(I) = \sum_{i=1}^{n} p_x(I_i)$$

Y las reglas de la *descomposición lógica* nos llevan a **indicadores equiprobables en cada subsistema;** *descomponer un indicador en un grupo de indicadores con importancia similar [o agrupar indicadores con 'importancia similar' en un mismo subsistema] supone considerar sus probabilidades iguales o prácticamente iguales:*

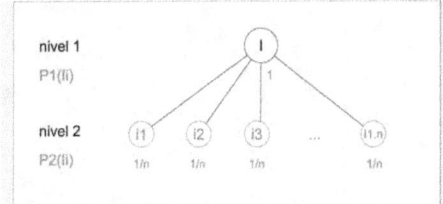

**Figura 22: Jerarquía de dos niveles en equiprobabilidad**

$$P_x(I_i) = \frac{1}{n}$$

---

[93] La utilización de los términos probabilidad *objetiva* y *subjetiva* se puede justificar también en que existe una estructura de probabilidades propia de la clase [*independiente del sujeto* y por tanto *Objetiva*] y otra propia del sistema [i.e, *propia del sujeto o Subjetiva*]. Sin embargo, los SA no son fuentes *estrictamente ergódicas*; su *sistema de probabilidades o código* se modifica en el tiempo [evoluciona].

[94] La *descomposición lógica* implica que cualquier Jerarquía es interpretable como una *sucesión de jerarquías con dos niveles.*

La *descomposición lógica* de la Sostenibilidad S de una clase de sistemas en conceptos $S_i$ implica realizar dos tipos de inferencia acerca de las relaciones *lógicas* entre dichos conceptos y la Sostenibilidad:

- considerar que lo que sabemos ha sucedido en el pasado seguirá sucediendo así en el futuro.
- considerar que nuestro conocimiento de un número reducido de sucesos sea aplicable a una infinitud de casos posibles[95].

Utilizamos nuestra *experiencia* para hacer una inferencia equiparable a considerar *estables* las frecuencias con que cada concepto $S_i$ ha contribuido a determinar la aparición del concepto *Sostenibilidad* S. Equivale a establecer *frecuencias estables de resultados* y por ello consideramos que se trata de una asignación de *probabilidad objetiva*.

### 2.3.3.2 PROBABILIDAD SUBJETIVA DE CADA INDICADOR

Supone cuantificar nuestro grado de creencia racional en la veracidad de la afirmación *'el sistema I es sostenible'* referido a cada una de sus variables relevantes.

Es decir, interpretamos los indicadores de sostenibilidad como una medida de nuestro grado de creencia acerca del grado de verdad de la afirmación 'la variable i hace que el sistema I sea sostenible' referida a cada variable relevante del sistema.

---

[95] Nos remite al *problema clásico de la inducción*. Por ejemplo, suponer que las características que hayan hecho *sostenibles* a un número limitado de ciudades' sean extrapolables a otras ciudades [es decir, puedan convertir a otras ciudades en sostenibles].

# 3    SISTEMA DE DEFINICIONES Y AXIOMAS

## 3.1 DEFINICIONES

La revisión realizada nos ha permitido caracterizar la sostenibilidad de los SA desde diferentes perspectivas teóricas proponiendo varias definiciones que incorporan cualidades interesantes:

- Las definiciones se desarrollan en el campo conceptual y pueden ser interpretables como axiomas [afirmaciones evidentes] en relación a cada una de dichas teorías.
- Cada definición implica alguna cuestión no necesariamente explicita en las demás definiciones; su consideración conjunta nos va a permitir *construir* una teoría más completa.
- Las definiciones son compatibles entre sí y por tanto si la Teoría es consistente con todas ellas, lo es también con las teorías respecto a las cuales se han propuesto las definiciones.

Para mayor claridad, antes de proponer el sistema de Axiomas, vamos a compilar todas las definiciones propuestas en una única enumeración, introduciendo dos modificaciones:

La primera es que **vamos a incluir/enunciar definiciones separadas en relación a la Teoría de Conjuntos/Clases Difusas y la Lógica de Proposiciones** [en sentido estricto no sería necesario, puesto que cualquier afirmación realizada desde una de ellas es directa y fácilmente traducible a la otra]

La segunda es que **vamos a sintetizar las condiciones que imponen los entornos a los sistemas dentro de definiciones enunciables en relación a los propios sistemas:**

- La *condición de resiliencia que imponen los entornos impredecibles* [caóticos/evolutivos] se considerará incorporada en los conceptos de estabilidad [Teoría de sistemas] y organización optima [Complejidad como organización].
- La *condición de aptitud que imponen los entornos evolutivos* se incorporará en el concepto de *organización óptima*; las características que definen la organización óptima para un sistema vendrán determinadas por su clase de sistemas y se modificarán en el tiempo.
- La *condición de 'limite a los flujos de entropía' que impone la sostenibilidad del entorno*, se considerará incorporada en las características que definen la organización óptima, que deberá ser coherente con los límites del entorno.

El objetivo es no multiplicar innecesariamente el número de definiciones, aunque algunas cuestiones específicas podrán enunciarse independientemente[96].

Vamos pues a revisar la propuesta de definiciones.

DEFINICIÓN 01_ INSOSTENIBILIDAD TOTAL

La situación de *insostenibilidad total* de un sistema es un estado...

- en el cual la pertenencia del sistema a la clase de los sistemas insostenibles es completa[97] [Teoría de Conjuntos/Clases Difusas]
- en el cual la afirmación 'el sistema es insostenible' es verdad [Lógica de proposiciones]
- en el cual desaparece su estabilidad y Resiliencia y el sistema se disuelve [Teoría de Sistemas]

---

[96] Por ejemplo, la coherencia de la organización óptima con la sostenibilidad del entorno se enunciará también en forma de *condición restrictiva o contención* [Ax.08]

[97] Y por tanto su pertenencia a la clase de los sistemas sostenibles es nula [su exclusión de dicha clase es completa]

- en el cual los elementos del sistema se hallan en un estado que imposibilita el sistema o en el cual la identidad del sistema no puede emerger [Teoría de la Complejidad]
- de nula deseabilidad racional en el cual desaparece el sistema como entidad con capacidad de decisión [Teoría de la Decisión]
- en el cual la permanencia del sistema se vuelve un evento no-posible y la creencia/certeza acerca de la veracidad de la afirmación 'el sistema es insostenible' es completa [Teoría de la Probabilidad]

La situación de insostenibilidad total de un SA, no necesariamente implica la desaparición de sus elementos pero sí la disolución del sistema.

DEFINICIÓN 02_ SOSTENIBILIDAD TOTAL

La situación de *sostenibilidad total de un sistema* es un estado...

- en el cual la pertenencia del sistema a la clase de los sistemas sostenibles es completa [Teoría de Conjuntos/Clases Difusos]
- en el cual la afirmación 'el sistema es sostenible' es verdad [Lógica de proposiciones]
- de máxima estabilidad y resiliencia posibles [Teoría de Sistemas]
- en el que la estructura del sistema coincide totalmente con la organización óptima para su clase o de total emergencia de su sostenibilidad/identidad [Teoría de la Complejidad]
- de máxima deseabilidad racional posible para el sistema[98] [Teoría de la Decisión]
- en el cual la probabilidad de perdurar del sistema es completa o la creencia/certeza en la veracidad de la afirmación 'el sistema es sostenible' es completa [Teoría de la Probabilidad]

El carácter evolutivo de los SA hace que las características de los estados sostenibilidad e insostenibilidad sean variables en el tiempo [evolucionen], variación que admiten las definiciones propuestas.

DEFINICIÓN 03_GRADO DE SOSTENIBILIDAD

El Grado de Sostenibilidad de un sistema es una caracterización numérica de su estado expresada en términos relativos, considerando que el 'cero' sea la situación de insostenibilidad total y el 'uno' la situación de sostenibilidad total, y que podemos definir como...

- su grado de pertenencia a la clase de los sistemas sostenibles [Teoría de Conjuntos/Clases Difusos]
- el grado de verdad de la afirmación 'el sistema es sostenible' [Lógica de proposiciones]
- su distancia relativa a su disolución como sistema [Teoría de Sistemas]
- el grado en que su estructura coincide con la organización óptima para su clase o neguentropía relativa desde la situación de no-emergencia [Teoría de la Complejidad]
- la utilidad o grado de deseabilidad racional de su estado [Teoría de la Decisión]
- la probabilidad del sistema de perdurar indefinidamente o el grado de creencia en la veracidad de la afirmación 'el sistema es sostenible' [Teoría de la Probabilidad]

---

[98] El criterio de racionalidad exigirá que dicho estado corresponda a la organización óptima del sistema.

DEFINICIÓN 04_GRADO DE INSOSTENIBILIDAD

El *Grado de Insostenibilidad de un sistema* es una caracterización numérica de su estado expresada en términos relativos, considerando que el 'cero' sea la situación de sostenibilidad total y el 'uno' la situación de insostenibilidad total, y que podemos definir como...

- su grado de pertenencia a la clase de los sistemas insostenibles [Teoría de Conjuntos/Clases Difusas]
- el grado de verdad de la afirmación 'el sistema es insostenible' [Lógica proposicional]
- su distancia relativa a su situación de máxima estabilidad y resiliencia [Teoría de Sistemas]
- el grado en que su estructura no coincide con su organización óptima o entropía relativa desde la situación de completa emergencia de su sostenibilidad [Teoría de la Complejidad]
- la no-utilidad o grado de no-deseabilidad racional de su estado [Teoría de la Decisión].
- improbabilidad del sistema de perdurar indefinidamente o grado de creencia en la veracidad de la afirmación 'el sistema es insostenible' [Teoría de la Probabilidad]

DEFINICIÓN 05_DESCOMPOSICION JERÁRQUICA DE LA SOSTENIBILIDAD DE UN SISTEMA

Se trata de una descripción jerárquica que nos permite relacionar la información acerca de un sistema con su Grado de sostenibilidad, y que es interpretable como...

- una clasificación o conjunto de clases estructuradas mediante reglas de inclusión en la que el grado de pertenencia del sistema a las *clases finales* nos permite obtener [utilizando diferentes reglas de agregación] su grado de pertenencia a la clase *de los sistemas sostenibles* [Teoría de Conjuntos/Clases Difusas][99]
- un conjunto estructurado de afirmaciones en la que el grado de verdad de ciertas afirmaciones referidas a aspectos parciales del sistema se relaciona lógicamente con el grado de verdad de la afirmación general: 'el sistema es sostenible' [lógica de proposiciones]
- una jerarquía anidada compuesta por indicadores parciales de posición relativa del sistema, cuya agregación sucesiva nos permite calcular la posición o alejamiento global respecto a su situación de disolución [Teoría de Sistemas]
- una organización jerárquica que nos permite establecer el *grado en que la estructura de un sistema coincide con su organización óptima* o una jerarquía de *niveles de emergencia* que nos permite cuantificar el *grado de emergencia de la propiedad Sostenibilidad en el sistema* [Teoría de la Complejidad]
- una estructura que permite trasformar el grado de preferencia de un sistema en relación a cada una de las variables relevantes que describen la deseabilidad de sus estados posibles, en una función de utilidad global apta para la toma de decisiones [Teoría Decisión]
- una asignación de probabilidades a cada uno de los eventos que deben darse parcialmente para que el sistema *suceda* indefinidamente o una estructura que relaciona nuestro grado de creencia en la veracidad de ciertas afirmaciones parciales acerca del sistema con el grado de creencia en la veracidad de la afirmación 'el sistema es sostenible' [Teoría de la Probabilidad]

---

[99] Otra definición posible sería una *Jerarquía de conjuntos difusos en la que el grado de pertenencia parcial del sistema a las 'hojas' y 'ramas' nos permite obtener su grado de pertenencia global a la clase de los sistemas sostenibles'*

Vamos a proponer también algunas *definiciones genéricas*, que pueden adaptarse a cada marco teórico, poniéndolas en relación con las definiciones anteriores:

DEFINICIÓN 06_VARIABLE RELEVANTE PARA LA SOSTENIBILIDAD DE UN SISTEMA

Es aquella para la cual *existe al menos un rango de valores en el cual la variación de la variable modifica el Grado de Sostenibilidad / Insostenibilidad del sistema.*

DEFINICIÓN 07_LIMITES DE SOSTENIBILIDAD DE UNA VARIABLE RELEVANTE

Son los valores *extremos del rango de valores de una variable para el cual una variación de su valor en un sentido ya no modifica el grado de Sostenibilidad/Insostenibilidad del sistema.*

DEFINICIÓN 08_INDICADOR DE SOSTENIBILIDAD DE UN SISTEMA

Es cualquier función de pertenencia *que transforma los valores de una o varias variables relevantes*[100] *en una medida de Grado de pertenencia a una clase $S_i$ contenida en la clase Sostenibilidad S'.*

DEFINICIÓN 09_ ENTORNO GLOBAL ACCESIBLE DE UN SISTEMA

Es el *Entorno constituido por la unión de todos los entornos a los que un sistema pueda acceder y ubicarse. Su sostenibilidad determina el Grado de Sostenibilidad máximo del sistema.*

---

[100] En última instancia los indicadores suelen agregar todas las variables en un único valor previo a su normalización, por lo que siempre se puede considerar que se refieren a una única variable del sistema.

## 3.2    SISTEMA DE AXIOMAS

Los axiomas sobre los cuales se va a fundamentar la Teoría van a ser los siguientes:

### AXIOMA 01_UNIVERSALIDAD E INVARIANCIA

Para cualquier Sistema Adaptativo [SA] es posible establecer un parámetro que nos informe del grado en que dicho sistema es sostenible en un momento temporal T, al cual llamamos *Grado de Sostenibilidad* $S_T[I]$:

AX.01 $$\forall I \in SA : \exists S_T[I] \tag{52}$$

### AXIOMA 02_LIMITES

El *Grado de Sostenibilidad* de un sistema necesariamente se sitúa entre 0 y 1

AX.02 $$\forall I \in SA : S_T[I] \in [0,1] \tag{53}$$

### AXIOMA 03_COMPLEMENTARIEDAD DE SOSTENIBILIDAD E INSOSTENIBILIDAD

La *Insostenibilidad* es la *no-sostenibilidad* y por tanto, el *Grado de Insostenibilidad* de un sistema I $\neg S_T[I]$ es el valor complementario de su *Grado de Sostenibilidad* $S_T[I]$:

AX.03 $$\neg S_T[I] = 1 - S_T[I] \tag{54}$$

### AXIOMA 04_INSOSTENIBILIDAD TOTAL.

Si un sistema I es totalmente insostenible a partir de un momento temporal T, entonces $S_T[I]=0$, y recíprocamente, si I no es totalmente insostenible a partir del momento temporal T, $S_T[I]\neq0$

AX.04 $$S_T[I] = 0 \leftrightarrow \text{"insostenibilidad total"} \tag{55}$$

Para algunos sistemas I pueden existir indicadores $I_i$ cuyo valor 0 produce necesariamente la insostenibilidad total independientemente del valor de los demás indicadores de I.

$$\exists i \in I : I_i = 0 \rightarrow S_T[I] = 0 \tag{56}$$

### AXIOMA 05_SOSTENIBILIDAD TOTAL

Si un sistema I es totalmente sostenible $S_T[I]=1$, y si un sistema I no es totalmente sostenible, $S_T[I]\neq1$

AX.05 $$S_T[I] = 1 \leftrightarrow \text{"sostenibilidad total"} \tag{57}$$

No pueden existir indicadores $I_i$ cuyo valor 1 sitúe a un sistema I en situación de sostenibilidad total:

$$\nexists i \in I : I_i = 1 \rightarrow S_T[I] = 1 \tag{58}$$

La consideración conjunta de los Ax.03, Ax.04 y Ax.05 nos permite afirmar que **un sistema I solo puede estar en sostenibilidad total si lo está en relación a todas sus variables relevantes [el valor**

**de todos sus indicadores es 1], pero puede alcanzar la insostenibilidad total si la alcanza para algunos indicadores o agrupaciones clave de indicadores.**

AXIOMA 06_EQUIVALENCIA E INTERCAMBIABILIDAD DE INDICADORES DE SOSTENIBILIDAD
Si el valor de un indicador $I_a$ es siempre igual al de otro indicador $I_b$ en cualquier momento temporal $T_i$ ambos indicadores son equivalentes e intercambiables.

AX.06
$$\forall T_i \in T: I_a = I_b \Leftrightarrow I_a \equiv I_b \tag{59}$$

AXIOMA 07_MONOTONICIDAD
Si entre dos momentos temporales $T_1$ y $T_2$ la sostenibilidad de un sistema I solo se modifica en relación a una variable relevante i [y ningún indicador o agrupación de indicadores capaces de producir el valor cero del nivel agregado tiene valor cero], entonces el *Grado de sostenibilidad* del sistema deberá modificarse en la misma dirección[101]:

AX.07
$$\exists a \in I: S_2[I_a] > S_1[I_a] \wedge \forall I_{i \neq a} \in I: S_2[I_i] = S_1[I_i] \rightarrow S_2[I] > S_1[I]$$
$$\wedge \tag{60}$$
$$\exists a \in I: S_2[I_a] < S_1[I_a] \wedge \forall I_{i \neq a} \in I: S_2[I_i] = S_1[I_i] \rightarrow S_2[I] < S_1[I]$$

Y consecuentemente, si la sostenibilidad del sistema I en relación con todas sus variables relevantes i se mantiene constante, su grado de sostenibilidad debe mantenerse constante[102].

$$\forall i \in I: S_2[I_i] = S_1[I_i] \rightarrow S_2[I] = S_1[I] \tag{61}$$

AXIOMA 08_ENTORNO GLOBAL ACCESIBLE
La sostenibilidad de un sistema I nunca podrá ser mayor que la de su Entorno Global Accesible.

AX.08
$$\forall I \in SA: S_T[I] \not> S_T[E_A] \tag{62}$$

---

[101] Si para alguna variable no se cumpliera, entonces dicha variable no podría considerarse relevante [o su indicador estaría mal formulado]. La monotonicidad del *Grado de Sostenibilidad* está vinculada a la del *Grado de Insostenibilidad*.

[102] El incumplimiento de esta condición implicaría que existe alguna variable *relevante* no informada [o algún indicador mal formulado].

# 4 TEORÍA MATEMÁTICA DE LA SOSTENIBILIDAD Y EL DESARROLLO SOSTENIBLE DE LOS SISTEMAS ADAPTATIVOS

La revisión anterior nos ha permitido establecer la base necesaria para desarrollar la Teoría y establecer las *reglas* que es preciso seguir para cuantificar la sostenibilidad de los SA.

Hemos caracterizado los SA y su sostenibilidad, tanto en relación a sus características individuales como en relación a sus interacciones con otros SA y con su entorno:

- Las *aproximaciones 'deterministas'* nos acercan a su propuesta de conceptualización como *clase* o algo que *es*; la sostenibilidad como una medida de *organización* de los sistemas o de su grado de verdad como afirmación difusa referida a un sistema[103].
- Las *aproximaciones 'probabilistas'* nos aproximan a su propuesta de conceptualización como *evento* o algo que *sucede*; la sostenibilidad como una medida de *emergencia* o neguentropía, pero también como el resultado esperado de una realidad *incierta*.

Y hemos resumido las cuestiones deducidas de las perspectivas revisadas en el *Sistema de Definiciones* que se completa con algunos *Axiomas*, conformando un *Sistema de Premisas* del cual deduciremos todas las *proposiciones* de la Teoría mediante relaciones *lógicas* o matemáticas:

- La Teoría debe ser 'verdadera' o tautológica respecto a dicho *Sistema de Premisas*.
- Si ninguno de los axiomas es incorrecto, la teoría se considera 'demostrada'.
- Si ninguna de las definiciones es incorrecta, la teoría se considera *consistente* con las teorías a partir de las cuales se han propuesto dichas definiciones.

Y ello implica que cualquier desarrollo posterior que utilice los modelos matemáticos de la presente Teoría estará *demostrado* en relación a sus Premisas, y será por tanto consistente con las teorías desde las cuales se han propuesto las diferentes definiciones[104].

Vamos por tanto a establecer las condiciones para la formulación buscada, lo que en primer lugar requerirá la descomposición lógica de la sostenibilidad referida a la clase de sistemas cuya sostenibilidad queramos cuantificar.

## 4.1   DESCOMPOSICIÓN LÓGICA DE LA SOSTENIBILIDAD DEL SISTEMA-ENTORNO

Hemos definido el concepto de Grado de Sostenibilidad de un sistema como su grado de pertenencia a la clase *Sostenibilidad*. Pero cuantificarlo nos va a enfrentar con el hecho de que depende de un gran número de aspectos que interactúan entre sí de manera no sencilla.

No podemos calcularlo directamente y planteamos un procedimiento alternativo. La *descomposición lógica* de la clase *Sostenibilidad* S en una estructura de subclases $S_i$ relacionadas con S mediante reglas de inclusión, cuya pertenencia podamos calcular y cuya agregación nos permita obtener el grado de pertenencia a S.

---

[103] La designación como *determinismo* debe ser entendida por tanto en un sentido relativo; la lógica difusa precisamente acepta la inevitabilidad de cierta *indeterminación/borrosidad* en la medición de los conceptos referido a objetos.

[104] Sin embargo, si los modelos son aplicados a Sistemas Reales, requerirán también su *contrastación* que será un proceso independiente.

La descomposición lógica de la sostenibilidad de una clase de sistemas es la herramienta que nos permitirá calcular el grado de sostenibilidad de los sistemas de dicha clase, y vamos por ello a revisar en detalle el procedimiento para hacerlo:

La descomposición surge como respuesta a la imposibilidad de medir directamente el *grado de pertenencia* de un sistema a la clase S. Por tanto, el objetivo no es describir exhaustivamente todas las cualidades de S, sino descomponerla hasta llegar a una estructura de subclases $S_i$ a las cuales podamos medir con suficiente precisión el *grado de pertenencia*, y en un proceso con cuatro pasos:

- *Aproximación arriba-abajo* que plantea la estructura general, y que se realiza desde la perspectiva de *descomposición lógica o inclusión de significados.*
- *Aproximación abajo-arriba* que revisa la *completitud de la descripción,* verificando que no queden variables relevantes sin incluir.
- *Modelización de las condiciones de no-verdad*
- *Verificación de la coherencia global*

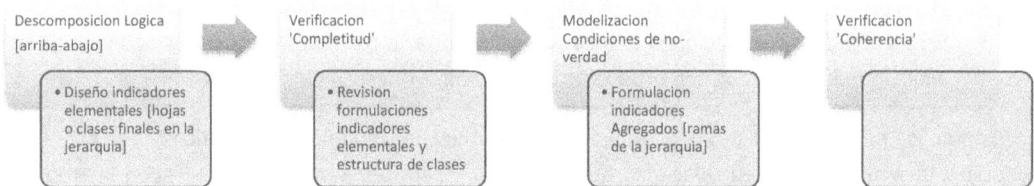

*Diagrama 04: Descomposicion jerarquica de la sostenibilidad de una clase de sistemas*

Y es importante destacar que **una descomposición lógica de la sostenibilidad no es una compilación o agregación de indicadores referidos a variables relevantes del sistema; no empieza de abajo a arriba sino que se realiza de arriba a abajo**[105]. Los criterios de *composición* son complementarios.

Aunque la formulación de los indicadores se debe realizar en paralelo a la descomposición lógica, por mayor claridad vamos a revisar ambas cuestiones de manera independiente[106].

### 4.1.1   APROXIMACIÓN ARRIBA-ABAJO: DESCOMPOSICIÓN LÓGICA

Se trata de un proceso iterativo relativamente sencillo.

En primer lugar **descomponemos el concepto global *Sostenibilidad* en conceptos $S_i$**, que representan significados implicitos [incluidos] en S, y cuya relevancia [nivel de significacion] para la sostenibilidad de la clase de sistemas considerada sea *similar*[107].

---

[105] Comenzar de abajo a arriba puede llevar a errores importantes [ver A-V.2        EL DIFERENTE SIGNIFICADO DE LOS INDICADORES]

[106] La formulación de indicadores se detalla en 4.2        FORMULACIÓN DE LOS INDICADORES DE SOSTENIBILIDAD

[107] Esta condición nos indica que la descomposición lógica es en realidad una combinación de lectura vertical y horizontal. Cada descomposición [lectura arriba-abajo] requiere revisar las variables/cualidades relevantes en dicho nivel [lectura horizontal], para poder verificar que las variables/cualidades propuestas tengan una relevancia similar y la descomposición es completa.

Figura 23: La descomposición de la sostenibilidad de los SSE en tres dimensiones *atribuyendoles similar importancia es una perspectiva ampliamente aceptada [aunque no la unica]*

Y en cada descomposicion, es necesario **verificar si es posible calcular el grado de pertenencia del sistema a los conceptos $S_i$ directamente,** es decir, si es posible plantear una modelización matemática que transforme los valores de ciertas variables i en el grado de pertenencia de un sistema de la clase I a la clase $S_i$ [i.e., plantear la clase $S_i$ como indicador elemental u *hoja*]:

- Si es posible formular un indicador, no es necesario volver a descomponer $S_i$.
- Si no es posible formular un indicador, es necesario repetir el proceso y volver a descomponer $S_i$ en otros conceptos $S_{ij}$.

Mediante la iteración de estos dos pasos, obtenemos una descomposición jerárquica de la clase Sostenibilidad S en subclases $S_i$ relacionadas mediante inclusión de significados y agrupadas en conjuntos con significación similar, cuyo grado de pertenencia podemos calcular mediante formulaciones matemáticas suficientemente precisas [indicadores], lo que podemos representar como:

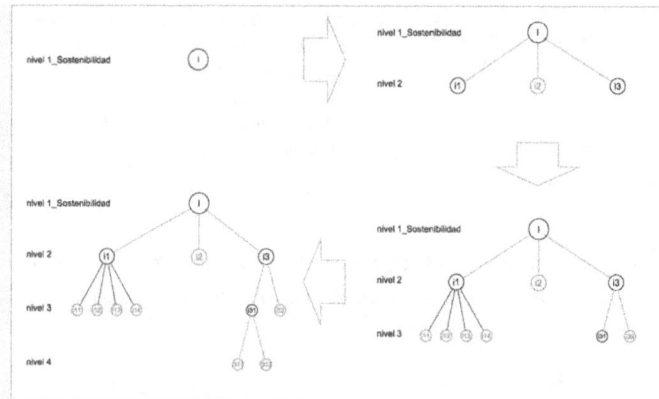

Figura 24: Descomposición jerárquica de la Sostenibilidad

*Descomponemos el concepto de manera iterativa, hasta que llegamos a una estructura de conceptos para los cuales podemos calcular su 'grado de verdad' mediante indicadores [en rojo].*

*El proceso se termina cuando podemos cuantificar el Grado de pertenencia a todas las clases finales en la jerarquia.*

Como consecuencia del proceso anterior, las descomposiciones lógicas tienen algunas cualidades que las diferencian de otras *estructuras tipo árbol*:

- Casi siempre son asimétricas puesto que la pertenencia a algunos conceptos puede ser calculable en un nivel y para otros requerir mayor nivel de descomposición.
- Las estructuras deben descomponer siempre cada concepto en un nivel inferior formado por conceptos con igual *significación* [importancia], y como consecuencia: el primer nivel de descomposición es el único donde los conceptos poseerán igual importancia.
- El nivel inferior de cada rama no expresa el último nivel en que existe información relevante para el concepto *Sostenibilidad S,* sino aquel en el cual el grado de pertenencia a cada una de sus *subclases* $S_i$ pueda ser determinado con suficiente precisión.

Es importante indicar que la revisión de numerosos modelos nos permite indicar que en general, el cálculo puede considerarse suficientemente preciso a partir de un número moderado de descomposiciones [jerarquías con 3 a 5 niveles].

### 4.1.2   APROXIMACIÓN ABAJO-ARRIBA: COMPLETITUD DE LA DESCRIPCIÓN

Se trata de una comprobación de que la organización jerárquica planteada mediante el proceso de descomposición lógica es suficientemente completa, y requiere:

- *determinar todas las variables relevantes del concepto Sostenibilidad*; sin importar su *nivel de significación.*
- *verificar que sus efectos estén -directa o indirectamente- incorporados* en la descomposición jerárquica

Si se detectan variables relevantes cuyos efectos no estén considerados, plantearemos su incorporación lo que podremos hacer de dos maneras:

- mediante su inclusión directa en clases o conceptos ya presentes en dicha representación [es decir, reformulando los indicadores que miden el grado de pertenencia a dichas clases para que incorporen la influencia de las variables relevantes detectadas].
- añadiendo nuevos conceptos o clases cuyos indicadores valoren dichas variables, incorporándolas a la jerarquía mediante relaciones de inclusión de significados.

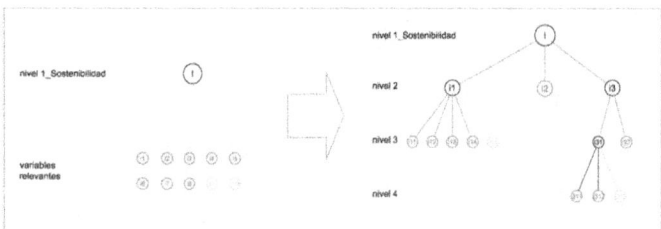

Figura 25: Revisión de la Organización jerárquica. *Buscamos todas las variables relevantes para la Sostenibilidad y si alguna no esta incluida en la descomposicion, se incorpora a la jerarquia mediante alguno de los dos metodos sugeridos.*

Es importante indicar que *la Completitud admitirá [e incluso requerirá] hacer ciertas excepciones; los modelos no podrán [ni necesitarán] incluir todas las variables relevantes para la sostenibilidad[108].*

### 4.1.3   IDENTIFICACIÓN DE INDICADORES CAPACES DE IMPLICAR EL VALOR CERO [NO-VERDAD] EN EL NIVEL AGREGADO

Una vez completada la Organización jerárquica de la Sostenibilidad, habrá que revisarla identificando las subclases o indicadores cuyo valor cero o no verdad implicaría la no-verdad o valor cero en su nivel agregado:

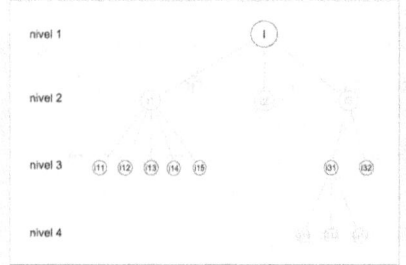

Figura 26: Modelización de las condiciones de no-verdad en la Organización jerárquica *destacando en amarillo los indicadores capaces de implicar la total falsedad en su nivel agregado.*

*Las reglas de descomposicion imposibilitan que en un mismo subsistema se ubiquen indicadores de ambos tipos, puesto que su nivel de significacion seria diferente.*

---

[108] Ver 6.3.3.1     LA COMPLETITUD DE LOS MODELOS DE EVALUACIÓN

Además del tipo de indicadores que conforman cada subsistema de agregación, la estructuración jerárquica implica dos condiciones de total verdad/total falsedad aplicables a cualquier subsistema:

Una condición de **total falsedad** o nula pertenencia:

- La pertenencia nula de un sistema a todas las subclases $S_{ki}$ contenidas en una clase $S_k$ necesariamente implica la pertenencia cero a la clase $S_k$ [Teoría de Conjuntos/Clases Difusas].
- El valor cero de todos los indicadores $I_{ki}$ cuya agregación proporciona un indicador agregado $I_k$ implica el valor cero de su indicador agregado $I_k$.
- La falsedad completa en todas las afirmaciones parciales $S_{ki}$ implícitas en una afirmación global $S_k$ necesariamente implica la falsedad de la afirmación global $S_k$ [lógica de proposiciones]

$$\forall I_{k_i} \in I_k \in I : S_T[I_{k_i}] = 0 \rightarrow S_T[I_k] = 0 \tag{63}$$

Una condición de **total verdad** o pertenencia completa:

- La pertenencia completa de un sistema a todas las subclases $S_{ki}$ contenidas en una clase $S_k$ necesariamente implica la pertenencia completa a la clase $S_k$ [Teoría de Conjuntos Difusas].
- El valor uno de todos los indicadores $I_{ki}$ cuya agregación proporciona un indicador agregado $I_k$ implica el valor uno de $I_k$
- La total veracidad de todas las afirmaciones parciales $S_{ki}$ implícitas en una afirmación global $S_k$ implica la veracidad completa de la afirmación global $S_k$ [lógica de proposiciones]

$$\forall I_{k_i} \in I_k \in I : S_T[I_{k_i}] = 1 \rightarrow S_T[I_k] = 1 \tag{64}$$

#### 4.1.4 *VERIFICACIÓN COHERENCIA GLOBAL DE LA REPRESENTACIÓN JERÁRQUICA*

Supone el último paso de la descomposición lógica, y vamos a realizarla en tres niveles:

4.1.4.1 VERIFICACIÓN GENERAL DE LA DESCRIPCIÓN JERÁRQUICA

La **verificación de la estructura general de indicadores y subsistemas,** desde los enfoques de la Teoría de la Jerarquía [interacción entre indicadores] impone algunas restricciones no totalmente contempladas en la descomposición lógica:

- La unión de todas las clases o indicadores de un nivel debe proporcionar una descripción completa del sistema en dicho nivel.
- La intensidad de las interacciones entre clases o indicadores deben ser:
  - Simétrica entre las diferentes clases o indicadores de un mismo nivel[109]
    - similar entre clases o indicadores de un mismo nivel.
    - similar entre las clases incluidas en una misma clase en nivel superior y las contenidas en otras clases diferentes.

---

[109] Una modificación de un subsistema desde un estado $Ik_1$ a un estado $Ik_2$ produce un efecto similar sobre los demás subsistemas independientemente de cual sea el subsistema I que se modifique.

> o Asimétricas entre clases o indicadores de diferentes niveles:
>> ▪ mayor por parte de una clase o indicador situada en un nivel superior hacia las que contiene en el nivel inferior.
>> ▪ diferente entre clases o indicadores situados en diferentes niveles que no mantienen relaciones de inclusión.

#### 4.1.4.2 VERIFICACIÓN DEL NIVEL DE SIGNIFICACIÓN [IMPORTANCIA] GLOBAL DE CADA INDICADOR,

Se trata de revisar el nivel de influencia de cada indicador sobre el valor global, que será variable para cada situación concreta de un sistema [depende del valor de los demás indicadores], pero existen dos valores fijos importantes[110]:

El **nivel de influencia de cada indicador en condición de** *equilibrio* **[igualdad en el valor de todos los indicadores],** que equivale a su participación sobre la media aritmética, y que podemos calcular multiplicando su nivel de influencia en cada uno de los niveles jerárquicos.

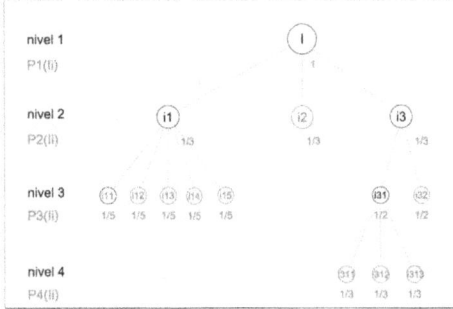

Figura 27: Rango de influencia en situación de equilibrio. *Cada indicador posee un rango de influencia sobre el valor agregado que depende de su posición en la jerarquía; y que calculamos como:*

$$C_\%[I_{ij}]_{eq} = \frac{1}{n} * \frac{1}{n_{I_i}} * \frac{1}{n_{I_2}} * ... * \frac{1}{n_j}$$

*Siendo $n_1$, $n_2$,... $n_{j\_}$ número de variables en cada subsistema en cada nivel hasta llegar al nivel j*

Esto implica que a medida que descomponemos los conceptos, los indicadores añadidos cada vez tienen menor influencia sobre el valor global, lo que adquiere importancia porque muchas veces es posible seguir descomponiendo los indicadores en una progresión que podría continuar indefinidamente, pero el incremento de precisión obtenido es cada vez menor.

A partir de determinados niveles de descomposición, incrementar el número de indicadores resulta cada vez menos eficiente, puesto que el esfuerzo de cálculo aumenta exponencialmente, mientras la precisión lo hace con marginalidad decreciente.

Solo se exceptúan aquellos indicadores que implican la total no verdad en el nivel agregado, que no reducen su influencia, pero sí su probabilidad de ocurrencia.

El **nivel máximo de influencia de un indicador sobre el valor agregado es variable,** se alcanza cuando su valor es 0 y el de los demás indicadores es 1, debiendo diferenciar dos situaciones:

- Si *el indicador no implica la nula pertenencia a la clase Sostenibilidad* entonces, lo deberemos calcular ascendiendo por la jerarquía hasta llegar al nivel global.
- Si *el indicador puede implicar la nula pertenencia a la clase Sostenibilidad* entonces su nivel máximo de influencia sobre el valor global es el 100%.

---

[110] Para una explicación detallada del cálculo del rango de influencia posible de cada indicador sobre el valor global, ver A-VI.3    ANÁLISIS PARTICIPACIÓN DE CADA INDICADOR ELEMENTAL SOBRE EL VALOR AGREGADO

Establecer el rango de influencia de los indicadores nos proporciona además un criterio para poder establecer la *completitud* de una descripción jerárquica; cualquier variable relevante no considerada introduce un margen de equivocación acorde a su máximo nivel de influencia sobre el valor agregado que es aceptable en dos casos[111]:

- cuando la modificación del grado global de pertenencia de I a S que se produciría si la variable excluida se sitúa en su límite de insostenibilidad es muy reducida
- cuando la probabilidad de que la variable se aleje de su límite de sostenibilidad es mínima.

Si se excluyen indicadores que puedan implicar la total insostenibilidad del sistema, la inexactitud de la cuantificación podría alcanzar el 100%, por lo que solo debe hacerse si su probabilidad de ocurrencia es casi nula[112].

### 4.1.4.3 VERIFICACIÓN DE LA SIMILAR SIGNIFICACIÓN DE LOS INDICADORES EN CADA SUBSISTEMA

Es necesario comprobar que las formulaciones matemáticas planteadas para los indicadores cumplan la condición de igual significación en cada subsistema, lo que equivale a verificar dos cuestiones:

- la coherencia entre la situación del sistema que implican los valores de las variables de dichos indicadores $I_{ki}$ y su valor agregado [o grado de pertenencia a la subclase $S_k$]

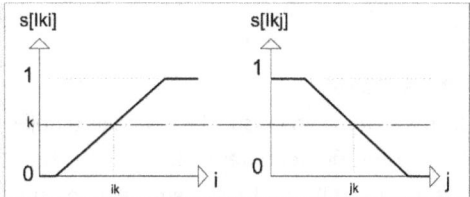

**Figura 28: Verificación nivel de significación indicadores [01]**
*Correspondencia entre la situación del sistema que implican los diferentes indicadores y su grado de pertenencia a la subclase agregada.*

$$\forall k \in [0,1] \rightarrow I[i_{k_1}, j_{k_1}] \rightarrow S[I_k] = k$$

- la situación del sistema que implican los valores de dichos indicadores, no debe modificar su *grado de pertenencia* a la subclase $S_k$ cuando los intercambiamos entre sí:

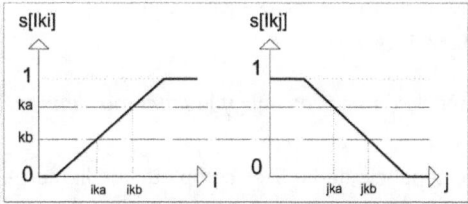

**Figura 29: Verificación nivel de significación indicadores [02]**
*Esta condición garantiza que no hay indicadores capaces de producir la total falsedad por si solos y otros no capaces de producirla en el mismo subsistema, puesto que se incumpliría la condición para el supuesto $k_a=0$ y $K_b \neq 0$*

$$\forall k_a, k_b \in [0,1] \rightarrow I_{k_1}[i_{k_a}, j_{k_b}] \equiv I_{k_2}[i_{k_b}, j_{k_a}]$$

Ambas condiciones deben cumplirse para cualquier valor posible de los indicadores en el rango 0-1; de lo contrario, los indicadores tendrían diferente significación sobre el valor agregado y sería necesario revisar sus formulaciones matemáticas, posición en la jerarquía o incluir ponderaciones[113].

---

[111] Para una enumeración de las cuestiones que permiten no incluir determinadas variables sin penalizar la validez de los resultados obtenidos, ver 6.3.3.1    LA COMPLETITUD DE LOS MODELOS DE EVALUACIÓN

[112] El grado de sostenibilidad indica la probabilidad de un sistema de perdurar, y ello implica que si una variable puede producir la insostenibilidad total de un sistema, pero su probabilidad de ocurrencia es prácticamente nula, su exclusión de un modelo puede no estar penalizando el resultado. Sin embargo, siempre será aconsejable monitorizarla mediante otros procedimientos.

## 4.2    FORMULACIÓN DE LOS INDICADORES DE SOSTENIBILIDAD

El proceso anterior nos permite descomponer la *Sostenibilidad* de una clase de sistemas, en una estructura de conceptos o sub-clases para los cuales somos capaces de calcular el *Grado de pertenencia* del sistema. Y las funciones de pertenencia a dichas sub-clases son los indicadores de sostenibilidad para esa clase de sistemas, que podremos dividir en dos tipos:

Llamamos **Indicadores elementales a las funciones de pertenencia vinculadas a** *clases finales* **[hojas] en la descomposición lógica,** es decir, aquellas para las cuales es posible determinar el grado de pertenencia directamente a partir de información del sistema [y que por tanto no ha hecho falta descomponer más].

Y llamamos **Indicadores agregados a las funciones de pertenencia vinculadas a** *clases intermedias* **[ramas] en la descomposición lógica,** i.e.: aquellas a las que no es posible calcular el grado de pertenencia directamente a partir de la información del sistema, y que deben calcularse como agregación de funciones de pertenencia del sistema a las clases que incluyen [otros indicadores agregados o elementales], y que llegan hasta la pertenencia global a la clase *Sostenibilidad*.

El procedimiento de formulación/cálculo es considerablemente diferente para ambos, y vamos a comenzar por revisar el primero de ellos:

### 4.2.1   FORMULACIÓN DE INDICADORES ELEMENTALES DEL SISTEMA

Los indicadores elementales son funciones de pertenencia del sistema I a las subclases finales u hojas $S_i$ de la descomposición, y su formulación se vincula a la información del sistema; i.e.: sus variables relevantes, y es necesario revisar los conceptos de límites de sostenibilidad/insostenibilidad de una variable.

**Los** *límites* **de insostenibilidad y sostenibilidad de una variable i son sus valores que delimitan el rango de pertenencia difusa de I a $S_i$.** Los 'primeros' valores de i que producen la pertenencia completa de I a la subclase $S_i$ o a su complementaria $\neg S_i$, que en su forma más sencilla, son dos parámetros que dividen en tres zonas el grado de pertenencia de I a $S_i$:

- El primero es el valor de i para el cual la pertenencia de I a $S_i$ es nula y le *llamamos límite o umbral de Insostenibilidad* o $\lim_{is}[i]$

- El segundo es el valor de i a partir del cual la pertenencia de I a $S_i$ es completa y le llamaremos *límite u objetivo de Sostenibilidad* o $\lim_s[i]$

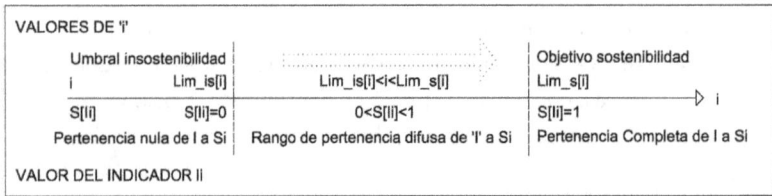

Figura 30: Límites de sostenibilidad de una variable. *Relación entre valor de una variable, límites o umbrales y grado de pertenencia de I a $S_i$, equivalente al valor del indicador.*

---

[113] En ocasiones puede ser necesario agrupar indicadores $I_i$ que no son igual de relevantes, incorporando coeficientes de ponderación $k_i$ y considerando que la condición de igual relevancia debe ser satisfecha por el par '$I_i/k_i$'. Este procedimiento es utilizado en ALVIRA, 2017, para monitorizar variables que traspasan los umbrales de insostenibilidad situación frecuente en los SSE.

Una vez establecidos los umbrales o límites de una variable, formulamos el indicador como **el grado de pertenencia del sistema I a la subclase S$_i$ en función de los valores posibles de i.** Dado que para algunas variables puede existir más de un rango de pertenencia difusa a una clase S$_i$, y por ello consideraremos como caso general el caso con cuatro límites:

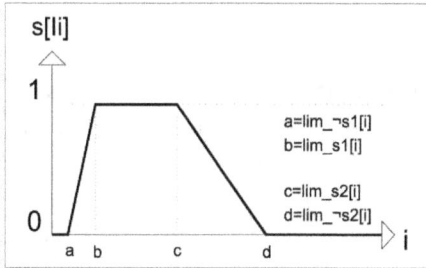

Figura 31: Grafica de función de pertenencia de variable con cuatro límites: *dos de sostenibilidad y dos de insostenibilidad. Lo consideramos el caso general, y podemos modelizar el grado de pertenencia para variables con menos límites, simplificando la formulación.*

*Ejemplos de indicadores con cuatro límites pueden ser los indicadores de sostenibilidad referidos a la Densidad Urbana o a la Dotación de Vivienda Protegida; cuestiones cuyo estado óptimo se sitúa en un punto intermedio entre sus valores máximo y mínimo posibles.*

El rango de valores posibles del indicador es 0-1; los valores extremos corresponden a los límites de insostenibilidad y sostenibilidad de la variable, y los valores intermedios son modelizables mediante funciones sobre los valores de i, y *podemos expresar cualquier indicador de sostenibilidad como una formulación de tipo maximín:*

$$S_T[I_i] \equiv f_s[I_i] = max[min[f[I]; 1]; 0]$$
(65)

Cuyos términos tienen la siguiente interpretación:

Max [...,0] _ límite a partir del cual la modificación de i no reduce la pertenencia de I a la subclase S$_i$; representa la mínima pertenencia posible de I a S$_i$ que es f$_s$[I$_i$]=0

Min [...;1]_ límite a partir del cual la modificación de i no incrementa la pertenencia de I a la subclase S$_i$; representa la máxima pertenencia posible de I a S$_i$ que es f$_s$[I$_i$]=1

f$_s$[I$_i$] función que mide la pertenencia de I a S$_i$ para el rango de valores posibles de i

La formulación fs[I$_i$] es específica para cada variable y clase de sistemas[114].

### 4.2.2   FORMULACIÓN DE INDICADORES AGREGADOS

Se calculan como agregación de otros indicadores [pueden ser indicadores elementales o agregados], y encontramos una diferencia fundamental entre dos tipos de situaciones que requieren utilizar diferentes funciones de agregación, lo que se relaciona con las condiciones de no-verdad explicadas anteriormente:

Encontraremos subsistemas en los que **si cualquiera de los indicadores vale cero, el valor del indicador agregado necesariamente es cero,** y utilizamos la agregación geométrica:

$$\exists I_k: I_k = 0 \leftrightarrow \exists I_{k_i} \in I_k: I_{k_i} = 0$$
(66)

---

[114] Para ejemplos de formulaciones, ver A-V.1       FORMULACIONES MATEMÁTICAS DE INDICADORES DE SOSTENIBILIDAD y ALVIRA
[2017ª y b]

$f_1[I]$

$$f_1[I] \rightarrow f_s[I_k] \equiv I_k = \prod_{i=1}^{n} I_{k_i}^{1/n} \tag{67}$$

En términos lógicos, la no-verdad de cualquier indicador que participe en la agregación implica la no-verdad en el nivel agregado.

Y encontraremos situaciones en las que **el valor del indicador agregado es cero si y solo si todos los indicadores que participan de la agregación valen cero,** y los agregaremos como un centroide de un conjunto de cargas[115]:

$$\exists I_k : I_k = 0 \leftrightarrow \forall I_{k_i} \in I_k : I_{k_i} = 0 \tag{68}$$

$f_2[I]$

$$f_2[I] \rightarrow f_s[I_k] \equiv I_k = \frac{1}{n} * \sum_{i=1}^{n} \left[ I_{k_i} * \left[ 1 + \overline{I_{k_i}} - I_{k_i} \right] \right] \tag{69}$$

En términos lógicos, la total falsedad en el nivel agregado solo se alcanza si se produce para todos los indicadores que participan en la agregación. La no-verdad en relación a uno o varios indicadores no implica la no-verdad en el nivel agregado.

Podemos revisar lo anterior sobre la representación jerárquica, diferenciando la fórmula de agregación de los diferentes conjuntos de indicadores como:

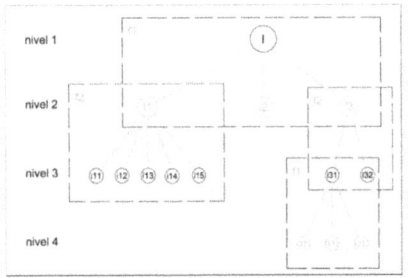

Figura 32: Ejemplo de descomposición lógica con condiciones de no-verdad.

*Los indicadores en amarillo pueden implicar la no-verdad [o producir el valor cero] en el nivel superior o indicador agregado. Los indicadores agregados I y $I_{31}$ deberán calcularse mediante la función $f_1$, y los indicadores agregados $I_1$ y $I_3$ mediante la función $f_2$.*

Y por tanto, **mediante la utilización de $f_1$ y $f_2$ podremos calcular el valor de cualquier indicador agregado en la descripción jerárquica de la sostenibilidad de un sistema, y mediante agregaciones sucesivas llegar a determinar el valor global, que será el *Grado de Sostenibilidad* del sistema.**

Podemos adelantar que la sostenibilidad de la mayoría de los *Sistemas Ecológicos y Socio Ecológicos* [SE/SSE], depende en gran medida de su *deseabilidad* por parte de sus integrantes, que suelen relacionarse con cuestiones diferentes cuyos límites no están totalmente definidos. Ello significará que

---

[115] Equivale a la propuesta de *Grado de Resiliencia* [ver ANEXO VIAGREGACIÓN DE INDICADORES] que es una formulación de agregación aritmética ponderada. La fórmula del *Grado de Certidumbre* produce resultados erróneos en ciertas situaciones.

las *subclases* implícitas en su sostenibilidad se referirán a cuestiones que no podrán implicar la total insostenibilidad del sistema por sí solas y por tanto serán agregables mediante la función $f_2$[116].

Solo excepcionalmente, estos modelos incluirán indicadores agregables mediante una función $f_1$.

Hemos establecido por tanto el procedimiento para la modelización del *Grado de Sostenibilidad* de cualquier clase de SA, que requiere combinar diferentes formulaciones matemáticas:

- Las que permiten calcular los indicadores elementales y que son propias de cada concepto implícito en la sostenibilidad de cada clase de sistema.
- Las que permitan agregar otros indicadores ascendiendo por la jerarquía hasta obtener el valor agregado global, y que son los dos tipos de agregación propuestos $f_1$ y $f_2$.

## 4.3  FORMULACIÓN DEL DESARROLLO SOSTENIBLE: INCREMENTO DE SOSTENIBILIDAD COMO VARIACIÓN DE UTILIDAD

El desarrollo o evolución está implícito en la propia definición de los SA. Equivale al incremento de su *Complejidad total* entre dos momento temporales, en una progresión que podría continuar indefinidamente. *No existe un límite al desarrollo máximo que un SA puede alcanzar.*

Por ello, carece de sentido medir la sostenibilidad del desarrollo de los SA en términos de *avance* o distancia hasta una meta que no existe, sino que necesariamente debe ser medida en términos de la capacidad del sistema de *sostener* dicho *avance*, i.e., su capacidad de perdurar.

Esto es lo que hemos denominado su *Grado de sostenibilidad*, y por tanto, **la medición de la *sostenibilidad del desarrollo* de un SA está implícita en la variación en el tiempo de su *Grado de sostenibilidad*.**

La medición de la variación de la sostenibilidad de los sistemas entre diferentes momentos temporales nos permitirá saber si se dirigen hacia su sostenibilidad o hacia su insostenibilidad. Si incrementan o reducen tanto el grado en que su estado es óptimo como su probabilidad de perdurar, y la interpretación de los diferentes valores de $\Delta S_{1 \to 2}$ será la siguiente[117]:

- Si $\Delta S_{1 \to 2} > 0$ [$S_2 > S_1$], el sistema ha evolucionado hacia su Sostenibilidad, incrementando tanto el grado en que su estado es óptimo como su probabilidad de perdurar.
- Si $\Delta S_{1 \to 2} < 0$ [$S_2 < S_1$], el sistema se dirige hacia su Insostenibilidad[118], reduciendo tanto el grado en que su estado es óptimo como su probabilidad de perdurar.
- Si $\Delta S_{1 \to 2} = 0$ [$S_2 = S_1$], situación sin cambios apreciables; se trata de un estado estacionario, el sistema coevoluciona sin modificar su Grado de Sostenibilidad[119].

---

[116] Por ejemplo, los límites que definen la *deseabilidad* de un SSE pueden ser diferentes para diferentes integrantes [o serlo su capacidad de desplazarse]; y por ello su disolución –de alcanzarse- no se produciría de golpe, sino gradualmente.

[117] Es importante indicar que un sistema puede modificar su Grado de sostenibilidad entre dos momentos temporales sin necesidad de *cambiar* si lo hace su entorno. Para simplificar lo expresamos como si la variación de S implicara la modificación del sistema.

[118] Puede ser porque ha evolucionado de manera insostenible o porque no ha evolucionado.

Y en esta última situación, si $S_2$ y $S_1$ están cerca de '1' [un umbral de 0,85 puede considerarse 'suficientemente cercano'] podremos decir que el sistema está *desarrollándose sosteniblemente*.

Sin embargo, la variación del *Grado de Sostenibilidad* incorpora cierta indeterminación. Diferentes modificaciones del estado de un sistema pueden llevar a un mismo valor agregado, y con ello un **estado global aparentemente estacionario podría ocultar cambios no deseados del sistema.**

La revisión del valor agregado de sostenibilidad del sistema no permite detectar algunas situaciones que pueden producirse en los sistemas y cuya relevancia podría ser considerable:

- la existencia de indicadores con valores mucho más reducidos que el resto, lo que indicaría que su *desarrollo* se está produciendo de manera descompensada.
- la existencia de indicadores cuya *tendencia* sea diferente del resto.

Cualquiera de ambas situaciones podría implicar que detrás de un estado aparentemente estacionario el sistema se esté dirigiendo hacia su insostenibilidad o que una *tendencia global positiva* esté ocultando alguna parte del sistema que evoluciona en una dirección no deseada. Y detectar estas situaciones hace necesario el **análisis multinivel** *de la sostenibilidad del sistema; revisar no solo el valor global sino también el de otros indicadores relevantes.*

Aunque la selección de los indicadores que es necesario revisar debe hacerse para cada clase de SA, para todos ello se considera necesario revisar al menos:

- La variación del valor de todos los indicadores del primer y segundo nivel de la descomposición lógica de la Sostenibilidad
- La variación del valor de todos los indicadores capaces de implicar la insostenibilidad total.

Por otra parte, **interpretar adecuadamente el significado de las variaciones va a requerir considerar algo ya mencionado; el Grado de sostenibilidad S es una medida de utilidad; la utilidad de su variación incorporará marginalidad decreciente y deberemos evaluarla mediante la fórmula[120]:**

$$\Delta S_{1\to2}[I] = S_2[I] * K_{e_2}[I] - S_1[I] * K_{e_1}[I] \tag{70}$$

---

[119] La coevolución del sistema está implícita en el hecho de que su Grado de Sostenibilidad se mantenga constante entre dos momentos suficientemente alejados; si no hubiera coevolución, su Grado de Sostenibilidad se reduciría.

[120] La justificación de la formulación se detalla en ANEXO VII    DESARROLLO SOSTENIBLE COMO INCREMENTO DE SOSTENIBILIDAD

# 5 CONTRASTACIÓN DE LA TEORÍA

El carácter conceptual de los SA nos permite plantear la presente teoría como una Teoría formal o tautológica; su valor de verdad puede establecerse a partir del valor de verdad de sus premisas y de las relaciones lógicas entre las conclusiones y las premisas, y hacerlo requiere seguir dos pasos:

- Revisar la coherencia y valor de verdad del Sistema de Premisas
- Revisar la coherencia de las afirmaciones de la teoría.

Comenzamos por la revisión del Sistema de Axiomas y Definiciones

## 5.1 SISTEMA DE PREMISAS: AXIOMAS Y DEFINICIONES

Tanto el Sistema de Definiciones como el Sistema de Axiomas se consideran compuestos por afirmaciones *verdaderas*:

- *Todas las Definiciones se consideran verdades evidentes* en relación a las teorías desde las cuales son propuestas
- *Todos los Axiomas se consideran verdades evidentes* a partir de las definiciones anteriores.

Consideramos por tanto, que desde nuestro conocimiento actual su valor de verdad es completo.

Tanto el Sistema de Definiciones como el Sistema de Axiomas se consideran coherentes; internamente, uno respecto del otro y en relación al conocimiento aceptado:

- *Todas las Definiciones son coherentes* internamente, entre sí, y con los principales principios de cada una de dichas teorías
- *Todos los Axiomas son coherentes* internamente, entre sí, y se han formulado conforme a reglas mayoritariamente aceptadas[121].

**El sistema de premisas es por tanto considerado un conjunto estructurado y coherente de afirmaciones verdaderas que puede ser utilizado como base para la presente teoría.**

### 5.1.1 COHERENCIA CON LA TEORÍA DE LA COMPLEJIDAD

Complementariamente, es interesante indicar que la presente teoría puede relacionarse con la *Teoría Unificada de la Complejidad* propuesta por el autor [Alvira, 2014a], conceptualizando el *Grado de Sostenibilidad* de un sistema como una medida de *Grado de Complejidad condicionada*.

Y por ello se ha buscado que este Sistema de Axiomas sea coherente con la Axiomática incluida en la Teoría de la Complejidad, estableciéndose las siguientes correspondencias:

**TABLA 02_ EQUIVALENCIA ENTRE AXIOMAS DE LA TEORÍA DE LA COMPLEJIDAD Y LA SOSTENIBILIDAD**

| AXIOMA TEORÍA DE LA COMPLEJIDAD | AXIOMA EQUIVALENTE TEORÍA SOSTENIBILIDAD |
|---|---|
| Axioma 00_ No Linealidad | - |
| Axioma 01_ Universalidad e Invariancia | Axioma 01_ Universalidad e Invariancia |
| Axioma 02_ Limites | Axioma 02_ Limites |
| Axioma 03_ No-Comprensibilidad | - |
| -- | Axioma 03_ Complementariedad de Sostenibilidad e Insostenibilidad |
| Axioma 04_ No verdad o No-Emergencia | Axioma 04_ Insostenibilidad Total |

---

[121] Ver A.I.2.1    DEFINICIÓN DE UN SISTEMA DE AXIOMAS

| | |
|---|---|
| Axioma 05_Verdad o Emergencia | Axioma 05_ Sostenibilidad Total |
| Axioma 06_Certidumbre/Incertidumbre | -- |
| Axioma 07_Equivalencia lógica | Axioma 06_ Intercambiabilidad y Equivalencia de Indicadores de Sostenibilidad |
| Axioma 08_Monotonicidad | Axioma 07_ Monotonicidad del Grado de Sostenibilidad/insostenibilidad |
| Axioma 09_Inclusion | Axioma 08_ Entorno Accesible |
| Axioma 10_Cantidad de Conocimiento | -- |

FUENTE: Elaboración propia consultando ALVIRA, 2014a. La coherencia con la axiomática de la Teoría de la Complejidad se ha mantenido en las partes aplicables al Grado de Complejidad condicionada, pero no al resto de medidas de complejidad propuestas en dicha Teoría.

Por tanto, podemos afirmar que **la presente Teoría cumple la axiomática de la Teoría de la Complejidad.** Esto resulta especialmente interesante porque dicha Teoría Unificada se plantea desde algunas perspectivas complementarias a las aquí consideradas, ampliándose así la validez de esta teoría, que se presenta también como aceptable desde dichas perspectivas.

## 5.2    DEMOSTRACIÓN DE LA TEORÍA MATEMÁTICA

Todas las afirmaciones de la presente teoría han sido deducidas del Sistema de Premisas mediante reglas matemáticas o lógicas, lo que se ha ido justificando en el propio proceso de formulación, garantizando por tanto su coherencia con dicho Sistema. **La Teoría se considera por tanto demostrada.**

Sin embargo, es conveniente hacer algunas aclaraciones en relación a la fiabilidad del valor S.

### 5.2.1    LA FIABILIDAD DEL PARÁMETRO 'S'

Pese a que la teoría se considera *demostrada*, es importante indicar que cualquier modelo elaborado siguiendo la metodología propuesta incorpora cierta inexactitud. El valor agregado puede ser considerado la mejor aproximación posible a S, pero no es S.

La impredecibilidad inherente a los SA y sus entornos[122] nos obligan a considerar que el valor obtenido siempre  será una *estimación*, y son precisos algunos comentarios sobre esta cuestión:

El primero es que **la naturaleza impredecible de los entornos implica la posibilidad de** *impactos externos* **no previsibles,** de manera que *estados teóricamente sostenibles* [o cuando menos *teóricamente estables*] podrían derivar hacia *estados insostenibles*.

Mientras que valores elevados de $S_0[I_i]$ implican elevada resiliencia [y por tanto elevada capacidad de absorber impactos externos][123] los valores reducidos de $S_0[I_i]$ implican baja resiliencia; son más vulnerables a impactos externos y resulta más fácil que deriven hacia estados insostenibles.

Los sistemas en situación de alta insostenibilidad tienen elevada dificultad en garantizar su permanencia incluso si presentan una aparente *estabilidad*; cualquier impacto externo podría terminar con su reducida *Sostenibilidad*.

---

[122] Aunque generalmente asociamos impredecibilidad con realidad, también puede ocurrir en entornos conceptuales, que pueden ser tanto caóticos como evolutivos. Además, los SA poseen capacidad de decisión, fuente segura de impredecibilidad [tanto del propio sistema revisado, como de otros sistemas en el entorno].

[123] Valores de $S_0[I_i]$ cercanos a 1 implican elevada capacidad de adaptación y por tanto probabilidad de supervivencia.

*Aunque no se puede establecer un valor exacto, la línea que separa los 'sistemas que pertenecen más al conjunto Insostenibilidad que al conjunto Sostenibilidad' es una referencia;* si $S_T[I] \leq 0,5$ el sistema es más insostenible que sostenible, incluso si está en un estado aparentemente estacionario.

El segundo comentario se refiere a la **imposibilidad de caracterizar totalmente la situación inicial de los sistemas;** las predicciones referidas a sistemas con dependencia sensible deberán considerar un margen de error e incertidumbre, que aumenta a medida que lo hace el plazo de predicción.

Y en sistemas cuya sostenibilidad pueda ser un *objetivo* y sea posible dirigir sus procesos hacia ciertos *estados*, las predicciones deben realizarse referidas a periodos que permitan suficiente certidumbre [periodos cortos] pero al mismo tiempo suficientemente largos como para permitir desarrollar *cursos de acción*, y complementarse con la monitorización frecuente.

El tercero se relaciona con **la naturaleza evolutiva de los SA que implica que su organización óptima se modifica con el tiempo,** y por tanto cualquier predicción de sostenibilidad [como grado en que la organización de un sistema coincide con su óptima] se enfrenta a la imposibilidad de determinar con exactitud cuál será esa organización óptima en el futuro.

Nuestras estimaciones de sostenibilidad se realizan en base a *estimaciones* de cuál será la organización optima de una clase de sistemas en un momento temporal futuro, y tropiezan con la impredecibilidad de la evolución de los SA.

*Otra vez la combinación de plazos de predicción reducidos y monitorización continuada son fundamentales para superar la posibilidad de que la organización óptima no coincida con la esperada.*

Y el cuarto comentario se refiere a la **capacidad de decisión de los SA, la teoría de la maximización de la utilidad esperada y los niveles de aversión al riesgo** en la toma de decisiones.

La maximización de utilidad esperada [racionalidad] implica tomar decisiones valorando utilidad y probabilidad; y *el grado de sostenibilidad es tanto una función de probabilidad como de utilidad. Por tanto, constituye un criterio de decisión a la hora de actuar, y ello quiere decir que* **cualquier sistema que sea consciente de su propio *grado de sostenibilidad* tenderá a modificarlo[124]:**

- Si un sistema tiene conocimiento de que se halla en una situación de muy reducida sostenibilidad, establecerá incrementarla como criterio prioritario en todas sus decisiones.
- Si un sistema tiene conocimiento de que se halla en una situación de sostenibilidad muy elevada, incrementarla será un criterio poco relevante en su toma de decisiones, y podrá experimentar reducciones de sus sostenibilidad[125].

Y si la propia cuantificación de la sostenibilidad de un SA puede modificar su conducta, y como consecuencia producir una variación inmediata de su valor, entonces el objetivo de una medición abso-

---

[124] Se relaciona con el hecho de que el Grado de Sostenibilidad implica improbabilidad de la insostenibilidad; por tanto un grado de sostenibilidad elevado convierte a la insostenibilidad en *altamente improbable*, restándole relevancia como criterio de decisión.

[125] Desde la perspectiva de toma de decisión y probabilidad, la insostenibilidad puede ser considerada un *riesgo*, y la marginalidad decreciente de la sostenibilidad implica que en situaciones de elevada sostenibilidad, la aversión al riesgo puede reducirse, llevando a cursos de acción menos sostenibles. Esto será especialmente importante en los SSE en los que la sostenibilidad del SSE depende en gran medida de decisiones individuales, cuya maximización de la utilidad individual no siempre lleva a las mismas opciones que la maximización de la utilidad del SSE [ver A-VIII.2.1   DECISIONES COLECTIVAS: UTILIDAD COLECTIVA VERSUS UTILIDAD INDIVIDUAL]

lutamente precisa de la sostenibilidad pierde relevancia, y es necesariamente sustituido por la necesidad de una monitorización frecuente, que admite cierta inexactitud.

Las cuestiones revisadas permiten afirmar que la monitorización frecuente es necesaria para maximizar la probabilidad de sostenibilidad de un SA, y que **si un sistema tiene un grado de sostenibilidad $S_T[I]<0.5$ modificar su estado hacia situaciones más sostenibles deberá ser una prioridad en todas sus acciones,** lo que se puede relacionar con dos peculiaridades de la sostenibilidad ya revisadas:

- sostenibilidad e insostenibilidad no son simétricas; si se alcanza la insostenibilidad total el sistema desaparece y su *reconstrucción* puede no ser posible; la insostenibilidad puede ser un estado irreversible y evitarla se vuelve prioritario.
- las variables relevantes pueden producir mayor insostenibilidad que sostenibilidad

Y la *valoración de los modelos* debe contemplar esta asimetría y tomar las decisiones buscando guardar la mayor distancia posible a la situación de *Insostenibilidad* para todos los aspectos relevantes. El criterio principal de actuación no debe ser mantenerse cerca de la sostenibilidad, sino lo más lejos posible de la insostenibilidad, y aunque ambos criterios son en realidad coincidentes, expresarlo de esta manera nos ayuda a comprender mejor las prioridades de actuación.

## 5.3    OTRAS CUESTIONES

Las propuestas de la presente teoría van a tener algunas aplicaciones aparte de la modelización de la Sostenibilidad de los Sistemas Adaptativos, entre las cuales vamos a revisar brevemente dos de ellas:

- Modelización de sistemas estables
- Modelización del grado de verdad de conceptos complejos casi-descomponibles

### 5.3.1    *MODELIZACIONES DE SISTEMAS ESTABLES*

Las formulaciones y procedimientos propuestos en la presente teoría, pueden aplicarse también a *Sistemas Estables,* cuya sostenibilidad requiera mantener su estabilidad pero no implique [ni admita] *cambio ni* evolución. **La estabilidad del sistema es el criterio que determina la relevancia de las variables.**

No obstante, si la *estabilidad* admite rangos muy reducidos de variación en las variables relevantes, puede venir definida por funciones de pertenencia binarias [o cuasi-binarias] y podría carecer de sentido utilizar los modelos incluidos con la presente Teoría, pudiendo desarrollarse otros específicamente orientados a su monitorización.

### 5.3.2 *MODELIZACIÓN DE GRADO DE VERDAD DE CONCEPTOS COMPLEJOS CASI-DESCOMPONIBLES*

La revisión del Sistema de Definiciones propuesto para la formulación de la presente Teoría muestra una cuestión muy interesante. *La posibilidad de proponer conceptualizaciones diferentes y coherentes de la sostenibilidad desde diferentes marcos teóricos revela un patrón de "universalidad"*[126]:

---

[126] En línea con la universalidad defendida por Von Bertalanffy [1950;1968] o Feigenbaum [1980]

- diferentes marcos teóricos admiten una interpretación diferente [y coherente] del concepto de *grado de sostenibilidad*.
- diferentes marcos teóricos admiten una interpretación diferente [y coherente] del concepto de *descripción jerárquica*

Y esta universalidad y casi-descomponibilidad de la *Sostenibilidad* va a ser compartida con otros conceptos. Constituye un patrón que permite entender que algunos conceptos son *casi descomponibles* y analizables de manera *multi y transdisciplinar* lo que alude a dos cuestiones:

- A las propias cualidades de dichos conceptos, que presentan una *estructura* similar independientemente de la perspectiva utilizada para su análisis
- A nuestra propia forma de pensar y razonar.

Cuando revisamos conceptos cuyo *valor de verdad* depende de diferentes variables que presentan relaciones de interdependencia y límites difusos, y que implican fenómenos de emergencia, los consideramos *complejos*, e incluyen muchas de las cuestiones que más nos importan actualmente.

Conceptos o cualidades de utilización habitual en psicología [felicidad, talento, inteligencia,...], en ciencias sociales y economía [riqueza, desarrollo, cohesión social,...] en biología [sostenibilidad de especies y ecosistemas,...], en política [gobernancia, democracia,...], y un largo etcétera podrán ser modelizados mediante las formulas y procedimiento descrito en este texto[127].

**Y dado que la *descomposición lógica* incorpora las condiciones de total verdad y total falsedad; la utilización de las formulas y procedimientos de la presente teoría, nos permitirá determinar su *grado de verdad* cuando sean referidos a diversos objetos, i.e., nos permitirá medirlos.**

---

[127] En gran parte, porque lo que queremos es modelizar funciones de utilidad para la toma de decisiones. Un ejemplo, es el modelo para valorar la optimalidad de los sistemas electorales propuesto por el autor [Alvira, 2019b]. Sin embargo, la modelización de algunos conceptos requiere valorar cuestiones no explicadas en el presente texto [ver Alvira, 2014a].

**PARTE II    LA SOSTENIBILIDAD Y DESARROLLO SOSTENIBLE DE LOS SISTEMAS REALES**

# 6 APLICACIÓN PRÁCTICA DE LA TEORÍA PARA FORMULAR MODELOS APLICADOS A SISTEMAS ECOLÓGICOS O SOCIO ECOLÓGICOS

Hemos formulado y demostrado la Teoría matemática de la sostenibilidad de los SA, y queda pendiente revisar las cuestiones específicas de los Sistemas Ecológicos y Socio Ecológicos[128], que es necesario considerar para poder aplicar las formulaciones y procedimientos de la teoría matemática:

- *los SSE no son objetos conceptuales sino objetos reales,* y su revisión introduce la Subjetividad e inexactitud inherentes a las ciencias factuales.
- *existe una incertidumbre considerable en muchos aspectos de su sostenibilidad* [cuáles son las variables relevantes; sus límites de sostenibilidad e insostenibilidad, etc...]
- presentan dos cualidades diferenciadores respecto a otros tipos de sistemas:
    - o desarrollan o se relacionan con *marcos culturales* que pueden hacer que las cuestiones relevantes para su sostenibilidad sean diferentes.
    - o toman decisiones de manera colectiva pero a la vez están formados por múltiples individuos con capacidad de decisión semi-autónoma[129].

El carácter factual de los SSE imposibilita verificar que los principios de la Teoría Matemática sean de aplicación a todas las situaciones posibles [en la actualidad y en el futuro], pero **la revisión de un número elevado de casos nos permite tener un grado de certidumbre suficiente acerca de su aplicabilidad a un gran rango de situaciones actualmente posibles**.

Vamos a revisar las características de los modelos que se pueden plantear sobre la base de la Teoría Matemática, diferenciando entre dos tipos: modelos de cuantificación y modelos operativos.

## 6.1 MODELOS DE CUANTIFICACIÓN DE LA SOSTENIBILIDAD

El objetivo de los modelos de cuantificación de la sostenibilidad, es establecer el grado en que una clase de sistemas es sostenible, y simplificadamente su proceso de elaboración será:

- elegir la clase de SSE que se quiere evaluar. Diferentes escalas o tipos de SSE requieren modelos diferentes, puesto que constituyen diferentes afirmaciones globales y consecuentemente tienen diferentes descomposiciones lógicas.
- realizar la descomposición lógica de la sostenibilidad para dicha clase de sistemas.
- diseñar los indicadores.
- establecer su estructura de agregación para obtener el valor global.

seleccion clase sistemas | descomposición lógica | diseño indicadores | estructura de agregación

*Diagrama 05: Proceso de diseño de un modelo de cuantificacion de la sostenibilidad*

La construcción de estos modelos requiere obtener dos tipos de **información**:

---

[128] La extensión de la influencia humana a todo el planeta nos permite considerar que en la actualidad cualquier Sistema Ecológico se ha convertido en un SSE. De hecho, no buscamos la sostenibilidad de cualquier SE; solo de aquellos compatibles con la nuestra.

[129] La sostenibilidad de los SSE se debe alcanzar desde sus mecanismos de Gobernanza, lo que plantea los problemas de reconciliación individuo-colectivo, cuestión que se revisa en A-VIII.2 LAS DECISIONES EN LOS SSE

*Conocimiento de la Sostenibilidad.* La revisión de la Ecología[130] y de los acercamientos a la Sostenibilidad y Desarrollo sostenible a partir de *dimensiones*, permite obtener gran cantidad de conocimiento en relación a los diferentes aspectos relevantes, variables y sus límites, indicadores, etc...

*Datos prácticos y límites de sostenibilidad de las variables.* La naturaleza de los SSE limita la *experimentación* a aspectos muy reducidos, pero sin embargo, su gran número nos proporciona una elevada cantidad de información, cuya *monitorización* permitirá obtener gran cantidad de datos.

Es importante indicar tres cuestiones:

- **los paneles de indicadores o *índices*** *suelen llevar implícita una estructura jerárquica que en algunos casos puede ser considerada una descomposición lógica.*
- la sostenibilidad de muchos SSE va a mantener relaciones de dependencia con otros SSE[131], y **es importante una concepción dinámica de los modelos que contemple la interrelación de unos con otros.**
- la posibilidad de descomposición jerárquica implica que **los modelos no necesariamente deben referirse al Estado Global del sistema.** Podrán evaluar aspectos parciales $S_i$ de la sostenibilidad siempre y cuando cumplan la condición de contención[132]:

$$S_i \subseteq S \tag{71}$$

Esto quiere decir que podrán proponerse diferentes descomposiciones de la sostenibilidad, y modelos que se refieran solo a una parte de dichas descomposiciones. Por ejemplo, una descomposición de la sostenibilidad en dimensiones [medioambiental, social y económica] podría constituir la base para desarrollar un modelo que solo cuantifique la sostenibilidad medioambiental[133].

**Existen muchos ejemplos de modelos de evaluación de la sostenibilidad de los SA que son adaptables de manera sencilla a los principios de la presente teoría[134];** que presentan una organización jerárquica clara expresada mediante *tablas* que implican *niveles jerárquicos* y *holones.*

Como ejemplo, vamos a incluir el Sistema Europeo de Indicadores de Biodiversidad [SEBI], que propone el siguiente listado de indicadores, interpretable como una descomposición de la sostenibilidad de la Biodiversidad en cuatro niveles:

---

[130] Modelos Metabolismo/Ecosistema; Huellas de consumo [Huella Ecológica, Huella de CO2; Huella Hídrica, Huella de Nitrógeno, etc...]

[131] Por ejemplo, la sostenibilidad de una sociedad requiere la de sus ciudades; y la sostenibilidad de una ciudad requiere la de la sociedad en la que se inscribe, así como de otras ciudades en su entorno,...

[132] De lo contrario no estarían cuantificando sostenibilidad, sino otros conceptos diferentes...

[133] Sin embargo, comprobar la *completitud* del modelo requerirá revisar la descomposición completa, llegando hasta el nivel *Sostenibilidad*; si las otras ramas de la descomposición no están -al menos parcialmente- desarrolladas, no será posible evaluar su completitud.

[134] Algunos ejemplos pueden ser el Human Wellness Index [Prescott Allen, 2001; Sustainable Society Index [Geut van Verk et Al, 2004]; modelo SEBI [EEA, 2012], The Nature Index, ... Para ejemplos de adaptación de indicadores existentes a la presente teoría, ver Alvira, 2019a

**TABLA 03_ DESCOMPOSICIÓN LÓGICA DEL MODELO SEBI 2010**

| NIVEL 2 | NIVEL 3 | NIVEL 4 |
|---|---|---|
| Estado y tendencia de los componentes de la biodiversidad biológica | Tendencias en la abundancia y distribución de especies seleccionadas | 1. Abundancia y distribución de las especies seleccionadas. Pájaros y mariposas. |
| | Cambio en el estado de especies amenazadas o protegidas | 2. Índice de Listado Rojo para especies europeas |
| | | 3. Especies de interés europeo |
| | Tendencias en la extensión de los biomas seleccionados, ecosistemas y hábitats | 4. Cobertura de los ecosistemas |
| | | 5.Habitats de interés europeo |
| | Tendencia en diversidad genética de animales domesticados, plantas cultivadas, y especies piscícolas de mayor importancia socioeconómica. | 6. Diversidad genética del Ganado |
| | Cobertura de áreas protegidas | 7. Áreas con protección de nivel nacional |
| | | 8. Lugares designados bajo la Directiva de Hábitats y Pájaros de la UE |
| Amenazas a la Biodiversidad | Deposición de Nitrógeno | 9. Superación carga crítica de Nitrógeno |
| | Tendencias en especies invasivas [número y costes de las especies invasivas] | 10. Especies invasivas en Europa |
| | Impacto del cambio climático en la biodiversidad | 11. Impacto del cambio climático en las poblaciones de pájaros |
| Integridad de los ecosistemas y bienes y servicios de los ecosistemas | Índice Trófico Marino | 12. Índice Trófico Marino de los mares europeos |
| | Conectividad / fragmentación de los ecosistemas | 13. Fragmentación de áreas naturales y seminaturales |
| | | 14. Fragmentación de cuencas fluviales [sistemas de ríos] |
| | Calidad del agua en los ecosistemas acuáticos | 15. Nutrientes en aguas de transición, costeras y marinas |
| | | 16. Calidad del agua dulce |
| Uso Sostenible | Área de ecosistemas de bosque, agricultura, piscifactoría y acuicultura con sistemas de explotación sostenible | 17. Bosque: stock en desarrollo, incrementos y talas. |
| | | 18. Bosque: stock de madera |
| | | 19. Agricultura: balance de nitrógeno |
| | | 20. Agricultura: área con prácticas de gestión que potencialmente potencian la biodiversidad |
| | | 21. Piscifactorías: Stock comercial Europeo |
| | | 22. Acuicultura: Calidad del agua residual de las piscifactorías |
| | Huella Ecológica de los países europeos | 23. Huella Ecológica de los países europeos |

FUENTE: traducción propia de EEA, 2012: 14/15. Los últimos tres indicadores del modelo SEBI no se han incluido, por considerar más difícil que formen parte de la misma descomposición lógica.

La estructuración del modelo de indicadores SEBI parece suficientemente detallada y exhaustiva, pudiendo considerarla una descomposición lógica en línea con las condiciones propuestas[135].

Aunque no vamos a entrar a revisar el diseño de los indicadores, el hecho de que se expresen en porcentaje, permite interpretarlos como funciones de pertenencia, por lo que si los límites y modelizaciones matemáticas son correctos y la descomposición es completa, su agregación mediante las formulaciones propuestas en la presente teoría proporcionaría un valor agregado de *Grado de Sostenibilidad Medioambiental*.

---

[135] Adicionalmente, el hecho de que la biodiversidad se considere un indicador indirecto del estado del medioambiente, y que el modelo revisa variables en las cuatro áreas consideradas clave para la sostenibilidad medioambiental [biodiversidad, estado de los ecosistemas, conectividad y servicios de los ecosistemas] permite sugerir que en realidad evalúa la sostenibilidad medioambiental.

## 6.2 MODELOS OPERATIVOS ORIENTADOS A LA TOMA DE DECISIONES PÚBLICAS O COLECTIVAS

El objetivo de estos modelos es introducir la sostenibilidad como criterio en procesos de toma de decisiones, de manera que su resultado siempre sitúe al SSE lo más cerca posible de su estado sostenible u óptimo. Su objetivo es por tanto evaluar el efecto de las diferentes opciones posibles en cualquier proceso de decisión, y determinar cuál incrementa más la sostenibilidad.

Para ello, cada tipo de proceso de toma de decisiones diferente puede requerir un modelo diferente, cuya formulación debe seguir un proceso similar al explicado para modelos de cuantificación, aunque su utilización en la toma de decisiones públicas requiere revisar algunas de sus especificidades.

La gobernancia de los SSE es desarrollada fundamentalmente por las Administraciones Publicas -que son el principal *organismo regulador* en los SSE- y se refiere a las decisiones que el SSE debe llevar a cabo como conjunto. Y esto es algo que sucede continuamente. Cualquier acto de la Administración Publica implica una decisión [la elaboración de Normas y Regulaciones, la concesión de licencias, el establecimiento de tasas e impuestos, etc...] y estas decisiones deben cumplir dos condiciones:

- *ser racionales;* lo que implica elegir de entre las posibles la opción que mayor utilidad proporciona, calculada a partir de funciones de utilidad modelizables matemáticamente[136].
- *maximizar el beneficio público/colectivo* cuando exista conflicto con el beneficio individual.

Por tanto, la toma de decisiones públicas debe realizarse valorando las diferentes opciones posibles mediante *funciones de utilidad colectiva*; i.e., funciones que traducen el estado del SSE en una medida de la utilidad que dicho estado implica para el SSE. Y si 'S' se formula siguiendo el procedimiento indicado en esta Teoría, cumplirá la condición anterior y podrá ser utilizado como medida de utilidad colectiva para la toma de decisiones públicas:

- *S es una función de utilidad[137],* con una diferenciación en relación con otras funciones posibles: incorpora todas las variables relevantes para que un SSE pueda alcanzar su estado óptimo y no incluye ninguna variable que no lo sea.
- *S es una función social del bienestar,* cuya formulación debe satisfacer las condiciones de racionalidad y no dictadura [Arrow, 1951][138], y que valora la 'desigualdad' [Sen 1998], puesto que constituye una variable relevante para la sostenibilidad.

Además, S puede ser utilizado como medida de utilidad tanto en el marco de la Teoría de la decisión como en el de la Teoría de los Juegos. **Puede ser utilizado tanto para orientar las decisiones internas en un SSE como aquellas que se refieren a sus interacciones con otros SSE:**

- *La Teoría de la Decisión,* nos permitirá definir algoritmos para la toma de decisiones públicas.

---

[136] Ya hemos indicado que no existe una definición globalmente aceptada de *decisión racional*. En el presente texto, nos iremos acercando poco a poco a su conceptualización como *aquella que toma un decisor buscando situarse lo más cerca posible de su estado óptimo.*

[137] Ver A-VIII.1.1    EL GRADO DE SOSTENIBILIDAD COMO UNA FUNCIÓN DE UTILIDAD

[138] Arrow [1951:23] define una función social del bienestar como un "proceso o regla que, para cada conjunto de 'ordenaciones' individuales entre estados sociales alternativos establece un 'ordenamiento' social de estados sociales alternativos". Es decir, una función que transforma las preferencias individuales de los individuos que integran el SSE en una relación de preferencia agregada en el nivel del SSE. Para una revisión detallada de las implicaciones de S como función social del bienestar ver Alvira, 2017a.

- *La Teoría de los Juegos* nos proporciona un marco para la evaluación de las relaciones entre SSE [países, ciudades, empresas,…] y 'S' es la *utilidad* que permita encontrar *solución* a situaciones donde existe *conflicto de intereses* en escalas muy diferentes.

Estos modelos siempre están orientados a predecir el estado futuro del SSE ante diferentes cursos de acción posibles, y por ello **requieren excluir algunas variables esencialmente no predecibles,** haciendo que generalmente sean modelos más sencillos que los de cuantificación.

Sin embargo, cuanto mayor es el número de variables relevantes no incluidas, mayor es la incertidumbre en torno a la validez de los resultados obtenidos, y es necesario un *equilibrio* entre *Completitud* y *Operatividad*.

Los modelos de cuantificación, deben complementarse con *metodologías de aplicación* [que en ocasiones pueden utilizar un mismo modelo en diferentes procesos de toma de decisiones], que deben contemplar que la toma de decisiones colectivas puede tener un *coste de oportunidad* elevado.

Esta valoración del *coste de oportunidad* introduce algunos requerimientos con considerables implicaciones, que deben materializarse en forma de *condiciones restrictivas*[139].

Adicionalmente a la axiomática propuesta en la presente teoría, podemos enunciar dos *reglas* para los modelos operativos:

- El objetivo de cualquier transformación dirigida de un sistema deberá ser incrementar la sostenibilidad respecto a la situación que se alcanzaría si no se interviene sobre el sistema.
- El grado de sostenibilidad que hubiera alcanzado el sistema siguiendo cualquier opción descartada [o imposibilitada] debe ser menor al obtenido mediante la opción elegida.

Existen numerosos modelos operativos orientados a la toma de decisiones desde la perspectiva de sostenibilidad, de los cuales vamos a incluir una propuesta propia del autor [Alvira, 2017a]; el modelo Meta[S][140], que propone la siguiente la descomposición lógica:

**TABLA 04_ MODELO ESTRATÉGICO DE TRANSFORMACIÓN DE ASENTAMIENTOS HACIA LA SOSTENIBILIDAD**

| NIVEL 1 | NIVEL 2 | NIVEL 2 | NIVEL 3 |
|---|---|---|---|
| S_ SOSTENIBILIDAD | Q _ CALIDAD Y HABITABILIDAD DEL ÁREA URBANA | Accesibilidad | Peatonal |
| | | | Ciclista |
| | | | Transporte Publico |
| | | | Tiempo Desplazamiento |
| | | Bioclima y Salud | Calidad del Aire |
| | | | Confort Acústico |
| | | | Confort Térmico |
| | | Infraestructura Verde y Biodiversidad | Índice de Biotopo |
| | | | Arbolado en Viario |
| | | | Redes Verdes y Biodiversidad |
| | | Ciudad Compacta | Densidad Hab / Viviendas |
| | | | Compacidad Corregida |
| | | Diversidad Social | Diversidad de Tipologías Residenciales |

---

[139] Esta cuestión se desarrolla en anexo aparte [ver A-VIII.2.3   COSTE DE OPORTUNIDAD Y COMPLETITUD DE LOS MODELOS]

[140] Su objetivo es introducir la sostenibilidad como criterio de valoración/diseño en múltiples procesos de transformación urbana.

| | | |
|---|---|---|
| | | Dotación Vivienda Protegida |
| | Equipamientos | Dotación |
| | | Accesibilidad |
| | Estructura Urbana | Funcionalidad del viario |
| | | Conectividad |
| | | Configuración urbana |
| | Mezcla de Usos | Equilibrio entre actividad y Residencia |
| | | Proximidad comercio diario |
| | Paisaje e Identidad | Proporción de calle |
| | | Calidad de la Escena Urbana |
| | | Percepción del Verde Urbano |
| | Zonas Verdes | Dotación |
| | | Accesibilidad |
| | Consumo de Recursos Hídricos [Huella Azul] | |
| | Contaminación Hídrica [Huella Gris] | |
| M _ METABOLISMO URBANO | Utilización del territorio Bioproductivo y Biocapacidad equivalente [Huella Ecológica] | Territorio Agrícola |
| | | Territorio Ganadero |
| | | Territorio Forestal |
| | | Territorio Pesca |
| | | Territorio Urbanizado |
| | Utilización Recursos Naturales | Bióticos |
| | | Abióticos |
| | Consumo de Energía | Renovable |
| | | No renovable |
| | Emisión de Gases de Efecto Invernadero | |
| | Empleo | Tasa de Desempleo |
| | | Variedad Urbana |
| | Diversificación Económica | Diferenciación Empleo |
| | | Diferenciación Actividad |
| E_ ECONOMÍA | Accesibilidad a Bienes y Servicios | Distribución del Ingreso |
| | | Renta no destinada a Vivienda |
| | Endeudamiento | Administración Publica |
| | | Habitantes |

FUENTE: Compilación de Alvira [2017a], con las siguientes notas:

1) Para mayor claridad no se han incluido en el listado los indicadores de Nivel 4.
2) El modelo realiza una evaluación extensa de 'Accesibilidad Universal' incorporando la 'Distribución del Ingreso', lo que permite afirmar que es tanto una 'función de utilidad colectiva' como una 'función social del bienestar' [Sen, 1998].
3) El modelo se orienta a su utilización en actuaciones sobre áreas de tamaño 'Barrio' [10.000/15-25 Ha]

El modelo se ha diseñado totalmente siguiendo los principios de la presente Teoría [tanto la descomposición lógica como el diseño de los indicadores] y vamos a revisar algunas de sus características más interesantes:

Las ciudades siempre se están transformando, haciendo innecesario justificar su *transformación*. Pero **se impone una condición restrictiva; una transformación intencionada solo debe ser implementada si mejora la situación que se alcanzaría siguiendo la tendencia actual.**

Por ello, **cualquier toma de decisiones en un área urbana siempre debe comenzar por la evaluación de su situación actual**[141] en dos aspectos que se cortan trasversalmente:

- *Identificar áreas físicas* cuyo Grado de Insostenibilidad [actual y previsto] sea mucho mayor que el del resto de áreas.

---

[141] Y dado que la toma de decisiones es un proceso continuo, la monitorización se convierte en imprescindible.

- *Identificar aspectos* [indicadores o áreas] cuyo Grado de Insostenibilidad [actual y previsto] sea mucho mayor que el del resto.

Ambas cuestiones se pueden hacer utilizando el modelo para evaluar las diferentes áreas urbanas, permitiéndonos detectar las *áreas físicas y dimensiones de intervención prioritaria*, y focalizar en ellos las acciones de trasformación maximizará el beneficio obtenido.

**El modelo se acompaña de una metodología que permite su utilización en diferentes procesos de transformación urbana** que podemos subdividir en dos tipos de intervención:

- Directa [proyectos de renovación urbana o planes estratégicos, …]
- Indirecta
  - Políticas y normativas urbanas
  - Implantación masiva de productos comerciales [azoteas verdes, coches eléctricos, paneles solares, etc…]

En el diseño del modelo se ha buscado aprovechar al máximo indicadores ya existentes[142], puesto que **existe mucho conocimiento en la actualidad que es aprovechable con mínimas adaptaciones, y hacerlo simplifica la utilización de los modelos reduciendo el esfuerzo necesario para obtener los datos, posibilitando utilizar información ya accesible.**

## 6.3   CONCLUSIONES

La revisión de numerosos modelos permite considerar suficientemente verificada la aplicabilidad de la Teoría matemática para la modelización de SE y SSE, debiendo tener en cuenta las cuestiones mencionadas anteriormente. Sin embargo no hemos revisado una cuestión que aunque excede el alcance de la presente teoría, tiene una importancia considerable… ¿Cómo podemos saber si un modelo desarrollado siguiendo la presente teoría es correcto?

Aunque contestar esta pregunta requeriría revisar cuestiones de epistemología que también exceden con mucho el contenido de esta propuesta, vamos a hacer al menos una revisión breve de las cuestiones principales.

### 6.3.1   *LA CONTRASTACIÓN DE LOS MODELOS*

Una cualidad de los modelos científicos aplicados a la realidad es que pueden ser contrastados contra ella. Y aunque la naturaleza de los modelos de cuantificación de la sostenibilidad impide la experimentación [carecería de sentido producir la insostenibilidad total de un ecosistema o una ciudad para verificar un modelo], vamos a proponer un *proceso de verificación simplificado* para otorgarles *grados de validez*:

En los **modelos de cuantificación,** deberemos contrastar sus resultados con datos ya conocidos referidos a eventos pasados [series temporales, análisis históricos, etc…].

---

[142] Como fuentes se han considerado: el Ministerio de Fomento; Organizaciones internacionales [Naciones Unidas, Unión Europea, Eurostat, Banco Mundial, OCDE, y OMS]. También herramientas para la evaluación de la sostenibilidad en ciudades, áreas urbanas o proyectos urbanos, incluyendo LEED, BREEAM y CASBEE.

Complementariamente, la abundancia de los SE/SSE convierte a la realidad en una fuente continua de datos cuyo registro y monitorización adecuada nos permitirá considerarlos "experimentos posfacto" [Sabino, 2000:84], proveyendo más datos para la comparación.

El grado en que los resultados de los modelos coincidan con ambos tipos de datos podrá ser considerado su *grado de objetividad*.

En los **modelos operativos** podremos proponer un criterio de contrastación desde las bases de la Ciencia Pos Normal. Si la utilización de un modelo siempre lleva a las opciones que dirigen a un SSE hacia los escenarios considerados *más sostenibles*, lo consideraremos *suficientemente contrastado* como un modelo que permite tomar las mejores decisiones posibles con el *conocimiento actual*.

*Por tanto, no se trata de verificar si la decisión nos lleva hacia la sostenibilidad [algo sobre lo que en esencia no podemos tener certeza ni verificar] sino si la decisión lleva hacia los estados que esperamos serán más sostenibles en el futuro, es decir, si es la mejor decisión que podemos tomar con nuestro conocimiento actual [algo que sí es posible contrastar en grado elevado].*

Será una decisión racional basada en la *maximización de la sostenibilidad [o utilidad] esperada*; cuya racionalidad no garantiza elegir la mejor opción, pero *maximiza la probabilidad de hacerlo*.

Si el modelo nos dirige hacia el que consideramos el mejor estado futuro posible, entonces será un modelo para la toma de decisiones racionales hacia la sostenibilidad [independientemente de que el futuro mostrará que algunas cuestiones que ahora consideramos sostenibles, serán mejorables], y la *monitorización* posterior nos deberá permitir corregir los errores que vayan surgiendo.

### 6.3.2   ¿PUEDE CUANTIFICARSE CON TOTAL EXACTITUD EL GRADO DE SOSTENIBILIDAD DE UN SSE?

La repuesta evidentemente es que no, por varios motivos relacionados con conceptos ya revisados:

- Los **derivados de las propias limitaciones de los modelos científicos:**
  - existe incertidumbre en cuanto a la relevancia de ciertas variables y los valores de sus límites de sostenibilidad.
  - es imposible realizar una medición completa de todas las variables relevantes para la sostenibilidad de un SSE; *cualquier modelo de medición de la sostenibilidad es 'incompleto' en mayor o menor medida.*
- Los **derivados de especificidades de los SSE:**
  - *como sistemas con retroalimentación no lineal y dependencia sensible;* el devenir de cualquier SSE inevitablemente incorpora cambios no predecibles, a partir de una situación inicial que nunca es caracterizable con total exactitud.
  - como *sistemas compuestos por integrantes con capacidad de decisión semi-autónoma,* conocer el grado de sostenibilidad de un SSE puede modificar su valor
  - como *sistemas evolutivos cuya organización óptima se modifica con el tiempo* de manera no predecible.
  - como *sistemas ubicados en entornos caóticos/evolutivos* que incorporan cambios no predecibles cuya impredecibilidad se incrementa con los plazos de predicción.

**Es imposible medir el Grado de Sostenibilidad de un SSE con total exactitud, y por tanto cualquier medida de Grado de Sostenibilidad debe ser considerada una medida aproximada.**

La utilidad de S no proviene de la exactitud de su medición sino de su capacidad de ser el parámetro óptimo para *guiar el cambio* en los SSE de manera que se sitúen siempre lo más cerca posible de la Sostenibilidad [y lejos posible de la Insostenibilidad].

En cualquier caso, los SSE no son *naves enviadas al espacio* y el objetivo de evitar la Insostenibilidad y avanzar hacia la Sostenibilidad se puede comprobar mediante el seguimiento y verificación continuada; i.e., el contraste periódico de las predicciones con la realidad.

**La verificación continua provee una retroalimentación que permite ajustar las predicciones y adaptar los modelos a los cambios sucesivos que incorpore la *organización óptima* de cada SSE.**

### 6.3.3  *DOS CUESTIONES QUE DEBERÁN VERIFICAR LOS ÍNDICES DE SOSTENIBILIDAD*
Por otra parte, la revisión de numerosos índices y modelos nos ha indicado la conveniencia de hacer algunas sugerencias en dos cuestiones:

- completitud de los modelos
- descomposición lógica de la sostenibilidad de los SSE: modelo Sistema-Entorno

#### 6.3.3.1  LA COMPLETITUD DE LOS MODELOS DE EVALUACIÓN
En sentido estricto, **un índice de sostenibilidad será completo si y solo si incluye todas las variables relevantes para la sostenibilidad del sistema que evalúa. Sin embargo esta definición *estricta* de completitud resulta poco aplicable en la formulación de los índices,** por varios motivos:

- *incluir un número muy elevado de variables resta operatividad a los modelos y aumenta la probabilidad de errores de cálculo;* lo que puede convertir los modelos en *ineficientes* o incluso anular la supuesta mayor precisión obtenida.
- *es prácticamente imposible de aplicar:*
    - cualquier sistema tendría un número casi infinito de variables relevantes [incluso sistemas de muy reducida dimensión, en los que el número elevado de variables relevantes serán las relativas a su entorno].
    - existen variables relevantes cuyo cálculo es prácticamente imposible[143].
- *constituiría un esfuerzo innecesario en muchas ocasiones[144];* algunas variables relevantes tienen una *influencia muy reducida* o una *probabilidad de ocurrencia prácticamente nula.*

Podemos resumirlo diciendo que **la completitud en *sentido estricto* no es posible ni necesaria.** Tratar de lograrla restaría operatividad a los modelos, y además a partir de un cierto *grado de completitud* el incremento de esfuerzo de recopilación de información puede no verse correspondido por una mayor utilidad del resultado.

---

[143] Por ejemplo, puede ser prácticamente imposible de predecir si un asteroide de un tamaño suficientemente grande fuera a colisionar con la Tierra dentro de un periodo de tiempo relativamente largo, aunque evidentemente sería relevante para cualquier SSE en la Tierra.

[144] Existen muchos casos de variables relevantes cuya inclusión en los modelos no suele ser necesaria para los fines de dicho modelo.

Esto nos va a obligar a proponer criterios que nos permitan 'decidir' en qué situaciones determinadas variables relevantes pueden ser excluidas de un modelo sin perjudicar su *completitud,* y será precisamente su análisis como un *problema de decisión* lo que nos va a proporcionar la respuesta.

La consideración de la Sostenibilidad como utilidad y de su *descomposición lógica* como una asignación de probabilidad, nos permite revisarlo en términos de *utilidad esperada*[145]. En los modelos podremos *excluir* variables relevantes si cumplen cualquiera de las dos siguientes condiciones:

- El indicador en el cual se incluirían, tiene un rango de influencia muy reducido sobre la utilidad total o Grado de Sostenibilidad del SSE.
- El rango de valores de la variable capaz de modificar de manera apreciable la utilidad total o Grado de Sostenibilidad del SSE tiene una probabilidad de ocurrencia muy reducida.

Y desde esta perspectiva podremos proponer algunas situaciones en las que algunas variables relevantes puedan ser excluidas sin perjudicar la completitud de los modelos:

*Modelos de cuantificación de la sostenibilidad*

- Cuando el modelo incluya algún indicador "aproximadamente" equivalente al excluido[146].
- Cuando el valor actual del indicador excluido sea aproximadamente 'uno' en dos situaciones posibles:
    - su rango de influencia sobre el valor agregado sea reducido[147].
    - sea capaz de producir la total insostenibilidad del sistema por sí solo pero su probabilidad de ocurrencia sea prácticamente nula[148].
- Cuando el diferencial entre el valor del indicador de sostenibilidad de dicha variable en relación con el de otros SSE del entorno no sea relevante y no se prevea una modificación capaz de convertirlo en *relevante*[149].
- Cuando no se pueda determinar el valor del indicador sin un error elevado, pero no se prevean variaciones en su valor con efecto apreciable sobre la sostenibilidad del sistema.

En todos los casos, parece conveniente indicar en los modelos los criterios utilizados para decidir la exclusión de indicadores, e indicar si se considera conveniente monitorizar algún indicador excluido.

---

[145] "Un problema de decisión requiere un cálculo de esperanzas que involucra no solo utilidades sino también probabilidades […] deberíamos temer o esperar un acontecimiento no solamente en proporción a la ventaja o desventaja sino también en base a alguna consideración acerca de la verosimilitud de la ocurrencia" [Hacking, 1975: 101]

[146] La sustitución de indicadores generalmente implica una cierta *trasformación de la información*, por cuanto los indicadores nunca son *totalmente equivalentes*; si fueran *totalmente equivalentes* [en el sentido del Ax. 06], entonces el modelo sería completo.

[147] Esto excluye los indicadores que pueden implicar la insostenibilidad total [ver A-VI.3.1       RANGO DE INFLUENCIA DE UN INDICADOR SOBRE EL INDICADOR AGREGADO]

[148] Por ejemplo, en evaluaciones de la sostenibilidad urbana la probabilidad de que la radioactividad se sitúe en niveles perjudiciales para la salud suele ser muy reducida, y habitualmente es excluida de los modelos; pese a que podría producir la total insostenibilidad del SSE.

[149] Por ejemplo, en un contexto de crisis económica generalizada, los países que mantienen su Grado de Sostenibilidad Económica, incrementan su *deseabilidad* como destinos para la inmigración; pese a que su situación no se ha modificado, la *diferencia* incrementa su *deseabilidad* y con ello modifica su *Grado de Sostenibilidad* [para bien o para mal].

*Modelos operativos para toma de decisiones*

Los modelos operativos constituyen un caso particular de modelos cuyo *propósito principal no es determinar el estado global del sistema, sino ayudar en la toma de decisiones proveyendo un 'orden de preferencia' entre opciones.*

Estos modelos permiten todas las posibilidades de exclusión de variables relevantes explicadas para modelos de cuantificación, pero además **las variables relevantes para los modelos operativos no serán todas aquellas capaces de modificar el grado de sostenibilidad del sistema, sino las que podrían modificar el resultado de la decisión.**

Esto modifica los criterios de relevancia de las variables, implicando por ejemplo que los modelos operativos pueden no incluir variables referidas a *aspectos o entornos* sobre los que no se disponga capacidad de actuación.

Sin embargo, hay que tener cuidado con las exclusiones de variables de los modelos operativos ya que muchas veces los modelos operativos son planteados como 'zooms' que permiten observar con mayor detalle ciertos aspectos de la realidad para tomar mejores decisiones en dichos aspectos, pero si amplifican demasiado un área pequeña de la realidad, pueden mostrar beneficios aparentemente elevados que en realidad no lo sean, llevando a tomar decisiones equivocadas.

Complementariamente, la dificultad de modelizar las interrelaciones entre las diferentes decisiones que se producen en los SSE, y la necesidad de utilizar eficientemente los recursos, hace que los modelos se simplifiquen bastante, y la necesidad de coherencia entre las posibles decisiones diferentes en lo SSE suele incorporarse en forma de condiciones restrictivas[150].


### 6.3.3.2 LAS REPRESENTACIONES JERÁRQUICAS EN LOS SSE: EL MODELO SISTEMA ENTORNO

Hemos comentado que las representaciones jerárquicas de la sostenibilidad de los sistemas deben seguir el modelo sistema-entorno, que **no debe entenderse como una división entre las variables del sistema y las del entorno sino como un *enfoque trasversal***

Y esto choca con el hecho de que a veces encontramos modelizaciones que se autodenominan *sistema-entorno* que suelen plantear por un lado variables referidas a la sostenibilidad del medioambiente natural [que denominan *entorno*], y las referidas a aspectos socioeconómicos [que denominan *sistema*].

Pero la sostenibilidad socioeconómica del SSE requiere la de otros SSE ubicados en el entorno[151]; y la sostenibilidad medioambiental del entorno carecerá de relevancia sin la del propio sistema[152].

Y si contabilizamos estas variables, veremos que su organización jerárquica difícilmente nos permitirá separarlas estrictamente entre unas variables relevantes para la sostenibilidad del entorno y otras

---

[150] Esta cuestión se revisa en anexo aparte [ver  A-VIII.2.4        CONDICIONES RESTRICTIVAS]

[151] Las variables relevantes del entorno no se refieren solo al medio natural. Un ejemplo, pueden ser las culturas indígenas, cuya sostenibilidad se halla en la actualidad amenazada en gran medida por cuestiones esencialmente económicas que suceden en su entorno.

[152] Nos referimos a SSE en los que el propio sistema ocupa un espacio [por ejemplo, una ciudad]

para la sostenibilidad del sistema; *las reglas de la descomposición lógica y la jerarquía llevan generalmente a su organización en dimensiones.*

Por tanto si un modelo solo contabiliza aspectos naturales del entorno y socioeconómicos del SSE, será incompleto, pero si contabiliza todas las variables y las agrupa en dos términos, estará en realidad descomponiendo la sostenibilidad en dos dimensiones: medioambiental y socioeconómica.

Sin embargo, *la revisión de muchos modelos nos permite sugerir la descomposición de la sostenibilidad de los SSE en tres dimensiones como modelo habitualmente más 'coherente' con la realidad,* especialmente en modelos operativos; puesto que la viabilidad de las acciones en los SSE requiere en parte la *deseabilidad* por parte de sus integrantes, que se focaliza en la dimensión socioeconómica[153].

Es preciso indicar que algunos autores proponen *una condición de contención entre las diferentes dimensiones de sostenibilidad:* Sostenibilidad Económica [Ec] contenida en Sostenibilidad Social [Sc], contenida a su vez en Sostenibilidad Medioambiental [Ma]. Sin embargo, el objetivo y diseño habitual de los modelos no suele implicar estas condiciones de contención:

- Por una parte, el impacto sobre la sostenibilidad medioambiental global se suele evaluar considerando que todos los SSE *tienen el mismo impacto* que el evaluado, lo que no necesariamente sucede, y por ello 'S[Ma]=0' no suele implicar la insostenibilidad absoluta del $E_A$.
- Por otra parte, en la actualidad en la mayoría de los SSE la relación entre sostenibilidad económica y social no suele ser de *contención* sino de *mutua implicación*.

Imagen 09: Oasis de Huacachica. *Un oasis es un ejemplo en el cual la Sostenibilidad Medioambiental y Social que se evalúa si podría implicar la total insostenibilidad del SSE cumpliendo la condición de contención expresada [por ejemplo, si se seca el oasis, dejará de ser habitable].*
*La condición de contención entre dimensiones solo aplicará en casos muy concretos que deberán evaluar específicamente. En estos casos utilizar la agregación geométrica permitirá considerar que se cumple la condición, puesto que siempre proporcionará un valor igual o inferior a la intersección.*

---

[153] Complementariamente, hemos visto que la deseabilidad es también una variable relevante para la propia sostenibilidad del sistema.

7      **BIBLIOGRAFÍA Y CRÉDITOS FIGURAS, DIAGRAMAS E IMÁGENES**

## 7.1 BIBLIOGRAFÍA

Adami, Christoph; Ofria, Charles & Collier, Travis C. [2000] *Evolution of biological complexity*. Edited by James F. Crow, University of Wisconsin

Aguiar, Fernando [2004] "Teoría de la decisión e incertidumbre: modelos normativos y descriptivos", IESA/CSIC. *EMPIRIA. Revista de Metodología de Ciencias Sociales*. Nº8, pp. 139-160.

Alexander, Christopher [1965] "A City is not a Tree", *Architectural Forum*, nº1, Vol 122

Allende, Héctor [1998] *Teoría de Probabilidades*.

Alvira, Ricardo [2014a] *Una Teoría Unificada de la Complejidad*

Alvira, Ricardo [2014b] 'On the principles of logic under uncertainty'

Alvira, Ricardo [2017a] *Un Modelo y una Metodología para la Transformación de Ciudades hacia la Sostenibilidad*. Tesis Doctoral, EINDOC, Universidad Politécnica de Cartagena.

Alvira, Ricardo [2017b] "Segregación Espacial por Renta. Concepto, medida y análisis de 11 ciudades españolas", Cuadernos de Investigación Urbanística, 114, 102 págs.

Alvira, Ricardo (2018). A Methodology for Urban Sustainability Indicator Design. *Tema. Journal of Land Use, Mobility and Environment*, 11(3), 285-303.

Alvira, Ricardo [2019a] 'Una aproximación lógica al diseño de indicadores de sostenibilidad' en *Urbanismo y Sostenibilidad en La Ciudad*, Edita: BREEAM ES. ITG

Alvira, Ricardo [2019b] *Gobernabilidad y Representatividad: dos dimensiones para evaluar la optimalidad de sistemas electorales*. Tesis Doctoral. Universidad de Murcia.

Aristóteles [IV a.C.] *Metafísica*, Libros I al VI

Arrow, Kenneth J. [1951] "Alternative Approaches to the Theory of Choice in Risk-Taking Situations"

Ashby, William [1962] 'Principles of the self-organizing system' in *Principles of Self-Organization: Transactions of the University of Illinois Symposium*, H. Von Foerster and G. W. Zopf, Jr. (eds.), Pergamon Press: London, UK, pp. 255-278

Auger, P.; Bravo de la Parra, R.; Poggiale, J.C.; Sánchez, E. & Sanz, L. [2010] 'Aggregation methods in dynamical systems and applications in population and community dynamics'

Bernoulli, Daniel [1738] "Exposition of a New Theory on the Measurement of Risk"

Boole, George [1854] *An Investigation of The Laws of Thought, on which are founded the Mathematical Theories of Logic and Probabilities*

Boolos, George [1989] "New Proof of the Gödel Incompleteness Theorem", *Notices of the American Mathematical Society*, 36 (1989), pp. 388-390

Binmore, Ken [1994] *Teoría de Juegos*. McGraw Hill. Madrid

Bradbury, Ray [1952] *El Ruido del Trueno*

Bunge, Mario [1969] *La investigación científica*. Editorial Ariel. Barcelona

Bunge, Mario [1976] *La ciencia. Su método y su filosofía*. Editorial Siglo Veinte. Buenos Aires.

Bunge, Mario [2009] *"Dos enfoques de la Ciencia: Sectorial y Sistémico"*. Revista Real Academia de Ciencias. Zaragoza. 64 (2009), pp. 51-63

Crutchfield, James P.; Farmer, J.D.; Packard, N.H. & Shaw, R.S. [1986] *"Chaos"*. Scientific American, 254 (12), pp. 46-57

Dagum, Camilo [2004] *Fundamentos de Bienestar Social de las Medidas de Desigualdad en la Distribución de la Renta*

Darwin, Charles [1859] *El Origen de las Especies*. Ed Feedback, Versión en español. Traductor Antonio de Zulueta

Einstein, Albert [1916] *Sobre la Teoría de la Relatividad Especial y General*. Ediciones Altaya S.A., Madrid 1998.

European Environment Agency, EEA [2012] *Streamlining European biodiversity indicators 2020: Building a future on lessons learnt from the SEBI 2010 process*. Technical report Nº 11/2012.

Fariña, José [2001] *La Ciudad y el Medio Natural*. Akal Ediciones

Feigenbaum, Mitchell [1980] *"Universal Behavior in Nonlinear Systems"*. Los Alamos Science, Summer 1980

Foerster, Heinz Von [1960] *'On Self-Organizing Systems'* in Self-Organizing Systems. M.C. Yovits and S. Cameron (eds.), Pergamon Press, London, pp. 31–50.

Funtowicz, S & Ravetz, J. [2003] *Post-Normal Science*. International Society for Ecological Economics. Internet Encyclopedia of Ecological Economics

Gleick, James [1987] *Caos: la creación de una ciencia*. Ed. Critica.

Goguen, J. A. [1967] *"L-Fuzzy Sets"*. Journal of Mathematical Analysis and Applications, nº 18, pp.145-174

Hacking, Ian [1995] *El surgimiento de la probabilidad. Un Estudio Filosófico de las Ideas tempranas acerca de la Probabilidad, la Inducción y la Inferencia*. Ed. Gedisa.

Holland, John [1996] *Sistemas Adaptativos Complejos. Redes de neuronas artificiales y algoritmos genéticos*, pp. 259-295

Holland, John [1999] *"Emergence"*. *Philosophica*, 59 (1997, 1), pp. 11-40

Holland, John [2006] *"Studying Complex Adaptive Systems"*

Ivorra, Carlos [2009] *La Axiomática de la Teoría de Conjuntos*

Jevons, William S. [1865] *The Coal Question: An Inquiry Concerning the Progress of the Nation, and the Probable Exhaustion of Our Coal-Mines*, Chapter VII. Ed: Macmillan and Co., London

Karni, Edi [2005] 'Savages' Subjective Expected Utility Model'. Johns Hopkins University

Lacourly, Nancy [2010] *Introducción a la Estadística.* Universidad de Chile. J.C. Sáez editor. Santiago de Chile, Chile

Lerner, Abba [1978] "Utilitarian Marginalism (Nozick, Rawls, Justice, and Welfare)"

Li, Tien-Yien & Yorke, James A. [1975] "Period Three Implies Chaos". *The American Mathematical Monthly,* Vol. 82, No. 10, Dec, 1975, pp. 985-992

López, Lorena & Hernández, José [2010] *Estadística Descriptiva.* UNED. Madrid

Lorenz, Edward [1972] *Predictability; Does the Flap of a Butterfly's wings in Brazil Set Off a Tornado in Texas?.* AAAS Section on Environmental Sciences, the Global Atmospheric Research Program

Lovelock, James [1979] *Gaia. A new look at life on earth.* Ed. Oxford University Press

Macarthur [1955] *Fluctuations of Animal Populations and a Measure of Community Stability*

Maldonado, Carlos E. [2010] 'Complejidad y Ciencias Sociales. El problema de la medición de los sistemas sociales humanos' in *Complejidad de las ciencias y ciencias de la complejidad*, Bogotá, Universidad Externado de Colombia, pp. 15-56

Mandelbrot, Benoît [1983] *La geometría fractal de la naturaleza.* Versión en español. Traducción de Josep Llosa. Ed: Tusquets Editores, 1999]

Mendis, B.S.U [2008] *Fuzzy Signatures: Hierarchical Fuzzy Systems and Applications.* Chapter 1: Fuzzy Hierarchical Signatures. Ph.D. Thesis. Dept. of Computer Science, Faculty of Engineering and Information Technology, Australian National University, March 2008

Mendis, B.S.U. & Gedeon, T.D. [2008] 'Aggregation Selection for Hierarchical Fuzzy Signatures: A Comparison of Hierarchical OWA and WRAO' en Proceedings of IPMU'08, Torremolinos (Malaga), June 22-27, 2008, pp. 1376-1383.

Miller, George A. [1956] *"The Magical Number Seven, Plus or Minus Two: Some Limits on our Capacity for Processing Information".* Psychological Review, No 63, pp. 81-97.

Mitleton-Kelly, Eve [2002] *Complex Systems and Evolutionary Perspectives on Organizations: The Application of Complexity Theory to Organizations.* Chapter 2: Ten Principles of Complexity & Enabling Infrastructures. Edited by Elsevier.

Molnárka, G.I. & Kóczy, L.T. [2011] *"Decision Support System for Evaluating Existing Apartment Buildings Based on Fuzzy Signatures".* International Journal of Computers, Communications & Control, Vol. VI, No. 3, September, 2011, pp. 442-457.

Morín, Edgar [1977] *El Método I. La Naturaleza de La Naturaleza.* Versión en español de Ed Catedra, Madrid, 2001.

Mowshowitz, Abbe & Dehmer Matthias [2012] "Entropy and the Complexity of Graphs Revisited". *Entropy* 2012, 14, 559-570

Mueller, Dennis C. [1976] "Public Choice: A Survey". *Journal of Economic Literature*, Vol. 14, Nº 2, Jun, 1976, pp. 395-433

Murillo, Aniceto [2009] *Geometría Fractal o el Diseño de la Naturaleza*. XXIX Universidad de Otoño

Oporto, Samuel [2005] *Introducción a la Lógica Difusa. Conjuntos Difusos y Conjuntos Clásicos*

Organización Mundial de La Salud, OMS & UNICEF [2007] *La Meta de los Objetivos del Milenio Relativa al Agua Potable y el Saneamiento: Reto del Decenio para Zonas Urbanas y Rurales.*

Popper, Karl [1935] *The logic of scientific Discovery*. Chapters I to VI. Ed. Routledge [2002]

Prigogine, Ilya [1995] *¿Qué es lo que no sabemos?*. A parte Rei. Revista de filosofía.

Prigogine, Ilya [1997] *El fin de las certidumbres*. Traducción de Pierre Jacomet. Ed Santillana

Rawls, John [1971] *A theory of Justice*. Harvard University Press, Cambridge, Massachusetts [ed. 1999]. Chapter 2.

Rockström, Johan *et al* [2009] "Planetary boundaries: exploring the safe operating space for humanity". *Ecology and Society*, No 14(2), p. 32.

Saaty, Thomas [1990] "How to make a decision: The Analytic Hierarchy Process"

Sabino, Carlos [1996] *Los caminos de la ciencia*. Ed. Panapo, Caracas.

Sabino, Carlos [2000] *El Proceso de Investigación*. Ed. Panapo, Caracas.

Sen, Amartya [1995] "Rationality and Social Choice". *The American Economic Review*, Vol. 85, No. 1, Mar, 1995, pp. 1-24.

Sen, Amartya [1998] *La Posibilidad de Elección Social*. Discurso Nobel, 8 de diciembre, 1998.

Shannon, Claude [1948] *A Mathematical Theory of Communication*

Shpak, Max; Stadler, Peter; Wagner Gunter P. & Hermisson, Joachim [2004] "Aggregation of Variables and System Decomposition: Applications to Fitness Landscape Analysis"

Simon, Herbert A. [1955] *Aggregation of variables in dynamical systems*. Graduate School of Industrial Administration. Carnegie Institute of Technology. Research undertaken for the project Planning and Control of Industrial Operations.

Simon, Herbert A. 1955. "A Behavioral Model of Rational Choice"

Simon, Herbert A. [1962] *The Architecture of Complexity*. Proceedings of the American Philosophical Society, Vol. 106, No. 6. (Dec. 12, 1962).

Simon, Herbert & Ando, Albert [1961] "Aggregation of variables in dynamic systems"

Simon, Pierre [Marquis de Laplace] [1814] *A Philosophical Essay on Probabilities*, Chapters I-IV. Stanford University Press [1993]

Stiglitz, Joseph E. [2000] *La Economía del Sector Público*. Ed Antonio Bosch, Barcelona. 3ª edición.

Tamás, Katalin & Kóczy, László T. [2007] *Mamdani-type Inference in Fuzzy Signature Based Rule Bases*. 8th International Symposium of Hungarian Researchers on Computational Intelligence and Informatics.

Vitoriano, Begoña [2007] *Teoría de la Decisión: Decisión con Incertidumbre, Decisión Multicriterio y Teoría de Juegos*

Von Bertalanffy, Ludwig [1950] "An Outline of General System Theory"

Von Bertalanffy, Ludwig [1968] *Teoría General de los Sistemas. Fundamentos, desarrollo aplicaciones*. Fondo de Cultura Económica [1989]. México

Von Neumann, John & Morgenstern, Oskar [1944] *Theory of Games and Economic Behavior*. Chapters I-III. Appendix. The axiomatic Treatment of Utility. Princeton University Press. Princeton. Third Edition. 1953

Weaver, Warren [1948] *"Science and Complexity"*. American Scientist, 36: 536 (1948). Based upon material presented in Chapter 1' "The Scientists Speak," Boni & Gaer Inc., 1947. Rockefeller Foundation, New York City

Wiener, Norbert [1949] *Cibernética o el control y comunicación en animales y maquinas*. Tusquets Editores, 1985 [revision de 1961]

Wong, Kok Wai, Gedeon, Tamás & Kóczy, László T [2004] *Construction of Fuzzy Signature from Data: An Example of SARS Pre-clinical Diagnosis System*. FUZZ-IEEE 2004, 25-29 July, Budapest, Hungary.

Wong, Kok Wai [2009] *Multi-Layer Fuzzy Cognitive Modeling Using Fuzzy Signatures*. FUZZ-IEEE 2009, 20-24 August, Korea.

World Wildlife Fund, WWF [2012] Living Planet Report 2012. *Biodiversity, biocapacity and better choices*

Yurén, María [1978] *Leyes, Teorías y Modelos*. Editorial Trillas. México

Zadeh, Lofti A. [1965] "Fuzzy Sets"

Zarza, Daniel [1996] *Una interpretación fractal de la forma de la ciudad*. Cuadernos de Investigación Urbanística, Nº 21. Edita: Instituto Juan de Herrera, Madrid.

## 7.2    FUENTES DE LAS FIGURAS, DIAGRAMAS E IMÁGENES

Todas las figuras y diagramas han sido realizados por el autor. Las fotografías e imágenes incluidas en el texto respetan las condiciones de reutilización establecidas por sus autores, siendo:

Imagen 01: *Plaza de San Pedro*. Fuente: http://es.wikipedia.org/

Imagen 02: *Congreso de los diputados de España*. Imagen del autor

Imagen 03: *Empresa*. Fuente: http://pixabay.com. Autor: Geralt

Imagen 04: *Pista de Baloncesto*. Fuente: http://commons.wikimedia.org. Autor: Aboutmovies

Imagen 05: *Paris*. Fuente: http://commons.wikimedia.org. Autor: Myrabella

Imagen 06: *Atractor de Lorenz*. Fuente: http://commons.wikimedia.org.

Imagen 07: *Clima Ushuaia*. Fuente: http://commons.wikimedia.org.

Imagen 08: *Atractor de Feigenbaum*. Fuente: http://en.wikipedia.org.

Imagen 09: *Oasis de Huacachica*. Fuente: http://en.wikipedia.org.

Imagen 10: *Sistema Solar*. Fuente: http://pt.wikipedia.org.

Imagen 11: *Tierra Luna*. Fuente: http://commons.wikimedia.org.

Imagen 12: *Esponja de Menger*. Fuente: http://es.fotopedia.com.

Imagen 13: *Madrid Rio*. Fuente: http://commons.wikimedia.org.

Imagen 14: *Central Park*. Fuente: http://commons.wikimedia.org.

# 8    ANEXOS

## ANEXO I    LA FORMULACIÓN Y FORMALIZACIÓN DE LAS TEORÍAS CIENTÍFICAS

Desde una perspectiva *operativa* podemos definir de manera sencilla una Teoría Científica como un *conjunto de proposiciones estructuradas, acerca de cuya validez tenemos un grado de certidumbre 'suficiente', que explica una clase de fenómenos.*

Y una teoría se considera *formalizada* cuando *todas sus conclusiones se deducen de unos supuestos iniciales o premisas [axiomas y postulados] mediante transformaciones lógicas o matemáticas e incorporan un grado de contrastación*[154]*,* en un proceso que podemos describir como:

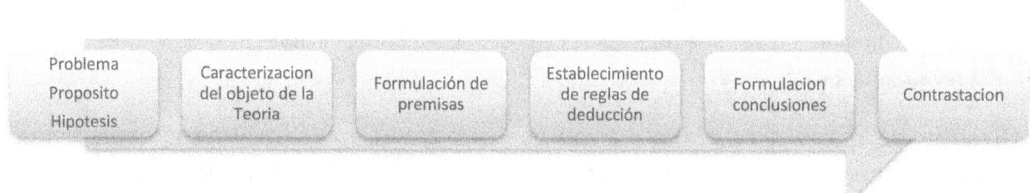

Diagrama 06: Proceso para la formulación de una Teoría formalizada *[propuesta propia a partir de Yurén, 1978]*

### A-I.1    EL PROPÓSITO DE FORMULAR UNA TEORÍA

Las Teorías se formulan siempre con un *propósito* que queremos resolver, en torno al cual existe un *problema de conocimiento*; ambas cuestiones están interrelacionadas y su explicitación nos permite desarrollar con mayor claridad la teoría:

- El **problema de conocimiento** nos permite definir el marco teórico a revisar.
- El **propósito que queremos resolver** nos permite definir el tipo de análisis del marco teórico así como los procedimientos de contrastación; el conocimiento obtenido debe ser *útil* para el propósito buscado.

Ambas cuestiones son fundamentales para la formulación de las **hipótesis de partida.**

### A-I.2    PROPOSICIONES O LEYES

Las Teorías son *sistemas de proposiciones o leyes* que afirman que entre dos o más variables existen relaciones suficientemente constantes[155], y estas proposiciones podrán ser de varios tipos:

Las **premisas** son proposiciones o leyes de las que se deducirán todas las demás mediante trasformaciones lógicas o matemáticas, pudiendo a su vez diferenciar tres sub-tipos[156]:

- *Axiomas: proposiciones tan claras y evidentes* que se admiten sin necesidad de demostración.

---

[154] Frente a esta definición, una Teoría no formalizada consiste en "generalizaciones empíricas expresadas por medio de lenguaje ordinario. De ahí la vaguedad y ambigüedad que las hacen difíciles de criticar, demostrar y verificar" [Yurén, 1978].

[155] Una Proposición es una "expresión de un juicio entre dos términos, sujeto y predicado, que afirma o niega este de aquel, o incluye o excluye el primero respecto del segundo" y una Ley es "cada una de las relaciones existentes entre los diversos elementos que intervienen en un fenómeno" [DRAE, 2014].

[156] Las definiciones son del DRAE [2014] y Yurén [1978]

- *Postulados:* proposiciones que se admiten sin demostración, pero están apoyadas por algún 'criterio de verdad'.

- *Definiciones:* proposiciones que exponen con claridad y exactitud los caracteres genéricos y diferenciales de algo material o inmaterial.

Y las **conclusiones** serán aquellas proposiciones o leyes que propone la Teoría, que denominaremos Teoremas o "proposiciones demostrables lógicamente partiendo de axiomas, postulados o de otras proposiciones ya demostradas" [DRAE, 2014].

### A.I.2.1 DEFINICIÓN DE UN SISTEMA DE AXIOMAS

Definir correctamente un Sistema de Axiomas y Postulados plantea algunas incertidumbres, que vamos a revisar muy brevemente:

El *Teorema de Incompletitud de Gödel* afirma que un sistema de Axiomas debe ser incompleto o permitirá demostrar enunciados contradictorios, y por tanto buscar la *completitud* [responder a la máxima cantidad de preguntas posibles] no puede ser un criterio de diseño.

No podemos enunciar *sistemas completos de axiomas* y la lógica nos lleva hacia el *principio de Ockham*; enunciar el menor número de axiomas necesarios para *sustentar* la teoría. Este criterio sumado a otros propuestos por autores relevantes, nos permite enunciar cuatro reglas sencillas[157]:

- Los axiomas no deben presentar contradicciones; *internas* [en un mismo axioma] ni externas [entre diferentes axiomas]
- Ningún axioma debe ser deducible de los restantes.
- Solo se deben incluir los axiomas estrictamente necesarios para permitir deducir todas las afirmaciones de la Teoría.
- Deben incluirse suficientes axiomas para que si más de una formulación es capaz de satisfacerlos, sus resultados sean coincidentes.

Se considera que la formalización o estructuración axiomática de las Teorías es la que mayor *grado de certeza* permite acerca de sus afirmaciones puesto que, si los Axiomas son *verdades evidentes* y los teoremas son deducidos *lógicamente* de ellos, **una Teoría Axiomática puede ser considerada esencialmente *tautológica*; i.e.: un conjunto de afirmaciones *verdaderas*.**

### A-I.3 *CONTRASTACIÓN DE UNA TEORÍA*

La *contrastación* es fundamental para poder considerar una teoría científica. Establece el *Grado de certidumbre* que podemos tener en cuanto a la veracidad de sus afirmaciones y generalmente requiere revisar dos cuestiones, su *coherencia* y su *grado de objetividad*[158]:

- **La *coherencia* se refiere a la relación lógica entre sus proposiciones**, inherente a la Teoría si se ha seguido el proceso propuesto para su formulación, y que es necesario *revisar* en dos niveles:
  - *Interna:* todos los teoremas deben ser deducidos de los axiomas mediante reglas de inferencia [lógicas o matemáticas] aceptables.

---

[157] Adaptado de Popper, 1935: 69; y completado con Sen, 1998; Ivorra, 2009; y otros.

[158] Adaptado de Popper, 1935 y Yurén, 1978

o   *Externa:* las proposiciones de la teoría deben ser congruentes [estar *relacionadas lógicamente*] con las de otros cuerpos teóricos

- El ***Grado de Objetividad* se refiere al grado de acuerdo entre teoría y realidad,** y por tanto solo requerirá ser comprobado en teorías empíricas o factuales. Podremos establecerlo a partir del grado de confirmación de las afirmaciones de la Teoría por los *hechos*[159].

---

[159] Los estudios de casos o las *aplicaciones prácticas de las conclusiones* deben entenderse en este sentido.

## ANEXO II    TIPOS DE SISTEMAS

Dentro de las diferentes clasificaciones posibles de sistemas, hemos sugerido una división en tres tipos de sistemas [*estables, caóticos y adaptativos*], caracterizables como:

- *Sistemas Estables:* su organización y propiedades emergentes no varían en el tiempo.
- *Sistemas Caóticos:* su organización se modifica de manera cíclica y aperiódica.
- *Sistemas Adaptativos:* su organización y propiedades emergentes evolucionan, manteniendo coherencia con su entorno [adaptación] e identidad [estabilidad macroscópica].

Pero una revisión de los sistemas nos permite afirmar que en muchas situaciones [quizás en todas], un *sistema puede ser considerado de diferente tipo según el intervalo temporal o escala considerada.*

Imagen 10: Sistema Solar. *Desde una perspectiva de sostenibilidad urbana, puede ser considerado principalmente como un Sistema Estable. Desde una perspectiva astronómica podría serlo como un Sistema Caótico.*

El ejemplo del sistema solar nos permite recalcar las dos cuestiones sugeridas:

- Muchos sistemas pueden ser caracterizados de una manera u otra dependiendo del intervalo temporal considerado[160].
- En un mismo intervalo temporal, ciertos sistemas pueden presentarse como *estables, caóticos o evolutivos*, dependiendo de la *escala* física considerada[161].

Y esto nos va a llevar a dos situaciones diferentes:

- A que disciplinas diferentes pueden tratar un mismo sistema de diferente manera si trabajan en diferentes escalas físicas o temporales, lo que simplemente deberá comprenderse desde la *relatividad [intencionalidad] de las clasificaciones*.
- A que un mismo sistema puede ser calificado de una manera u otra en la misma escala física y temporal similar, si revisamos *aspectos diferentes del sistema*.

Por ello a veces diremos que un tipo de sistema puede tener *comportamientos* de otro tipo de sistemas. Y el tipo que asignemos a un determinado sistema, será aquel que mejor describe los comportamientos que definen la *identidad global* del sistema en relación a la perspectiva de análisis.

---

[160] Por ejemplo, el sistema solar podría haberse creado hace unos 4.500 millones de años, y tendrá una duración posterior de otros 5.000 millones de años. Por tanto, en términos estrictos, no es un sistema *estable* sino que se dirige –lentamente- hacia su disolución. Su consideración como sistema estable solo es posible para intervalos temporales reducidos.

[161] Siguiendo el ejemplo anterior, podemos considerar que el sistema solar sea estable, mientras que si reducimos la escala, la atmosfera del planeta Tierra sea un sistema predominantemente caótico, y si seguimos reduciendo la escala, los ecosistemas y seres vivos que pueblan la tierra sean Sistemas predominantemente Evolutivos.

Imagen 11: Sistema Tierra Luna. *Podríamos decir que la interacción Tierra luna constituye un sistema esencialmente estable; cuyos efectos [mareas, eclipses, etc..] son completamente predecibles, pese a que contenga subsistemas evidentemente caóticos [como el tiempo atmosférico] o adaptativos [como los ecosistemas naturales]*

La sostenibilidad se refiere a la idea de *permanencia* y por tanto solo puede ser inherente a sistemas que posean una *organización* que les proporcione una identidad suficientemente *estable*. Solo podremos analizar la Sostenibilidad de sistemas *estables* dentro de la escala temporal analizada[162], y diferenciamos dos tipos:

- *Sistemas Estables* como aquellos cuya existencia se basa en preservar su *organización*. Su *permanencia* depende de que no cambien; mientras *no cambien* serán sostenibles.
- *Sistemas Adaptativos* como aquellos cuya existencia implica adaptación y evolución. Su perduración y sostenibilidad implica *direccionalidad y cambio*; se configura como un fenómeno esencialmente dinámico que requiere la coevolución continua con el entorno.

Medir la sostenibilidad de los primeros solamente requerirá medir su *Grado de Estabilidad*, mientras que medir la de los segundos necesariamente requerirá considerar todas las cuestiones revisadas en la presente teoría.

---

[162] Desde cierta perspectiva, podríamos decir que los sistemas caóticos implican también cierta estabilidad. Su aperiodicidad y atractores extraños son de hecho 'patrones estables', que les proporcionan 'identidad'.

## ANEXO III    ESTADÍSTICA Y FRACTALES: PATRONES EN LA INFORMACIÓN DE LOS SISTEMAS

### A-III.1 ESTADÍSTICA: DETECCIÓN DE PATRONES EN LOS SISTEMAS CAÓTICOS/EVOLUTIVOS

El grado de sostenibilidad de un sistema es una medida del grado de coincidencia entre su estructura y la que sería su óptima. Pero los SA suelen existir en *poblaciones numerosas* que interactúan y coevolucionan, y caracterizar su estructura óptima va a requerir revisar la información de muchos individuos diferentes; i.e., requiere *establecer la organización óptima para su clase de sistemas*.

El concepto de *clase* esencialmente se refiere a la existencia de cierta información común entre diferentes individuos [i.e.: la existencia de patrones] y el concepto de *organización optima*, a un patrón determinado dentro del rango de organizaciones posibles para dicha clase.

Y para detectar el patrón que constituye la organización óptima de dicha clase contaremos con las técnicas de análisis e inferencia estadística que nos permitirán revisar la información que caracteriza a poblaciones numerosas [o conjuntos de datos numerosos], con dos objetivos:

- detectar la información que hace que el estado de unos SA sea mejor [o peor] que el de otros dentro de una misma clase
- revisar como dicha organización se modifica en el tiempo, y predecir cuáles serán sus características dentro de un intervalo temporal dado.

Ambas cuestiones se relacionan con la rama de *inferencia estadística*, la primera se refiere al análisis de poblaciones mientras que la segunda se refiere al análisis de series temporales, y vamos a comentar brevemente algunas cuestiones de cada una de ellas.

A-III.1.1 INFERENCIA DE PATRONES DE ORGANIZACIÓN EN UNA CLASE: ANÁLISIS DE VARIABLES
*Llamamos distribución de una variable al conjunto de valores que puede tomar dicha variable;* es decir, el rango de sus valores para los estados posibles de una clase de sistemas, y su revisión requiere establecer sus **medidas características**:

- *De tendencia central o medias:* son valores en torno a los cuales se agrupa la variable y pueden ser de diferentes tipos: mediana, moda, medias [aritmética, harmónica, geométrica,...]
- *De dispersión:* miden su concentración o dispersión en torno a un promedio[163]
- *De forma:* informan del aspecto gráfico de su distribución.

Dentro de las **medidas de tendencia central o promedios** nos interesan tres formulaciones:

Media Aritmética

$$\bar{x} = \frac{1}{n} * \sum_{i=1}^{n} x_i \tag{72}$$

Media Geométrica

$$mg = \sqrt[n]{\prod_{i=1}^{n} x_i} \tag{73}$$

Media Armónica

$$mh = n * \frac{1}{\sum_{i=1}^{n} \frac{1}{x_i}} \tag{74}$$

---

[163] La dispersión se relaciona con el grado de concentración de los datos en torno al valor central, e indica el grado de validez de éste como representación de un conjunto de datos.

Dentro de las **medidas de dispersión**, nos interesa especialmente la **Desviación Típica o Estándar,** que nos indica la desviación de la distribución en relación a su media aritmética.

Su interés es que las variables pueden presentar rangos amplios de valores, pero si están muy concentrados en torno a los valores centrales, entonces los valores extremos serán *posibles* pero *poco probables*.

El análisis de la dispersión y distribución de la variable nos permite relacionar *posibilidad* con *probabilidad,* utilizando el Teorema de Chebyshev para establecer la *probabilidad* de que el valor de la variable se sitúe en un determinado rango respecto de la media:

TABLA 05_ PROBABILIDAD DE QUE UNA VARIABLE ESTÉ EN UN RANGO RESPECTO A LA MEDIA ARITMÉTICA

| DISTANCIA A LA MEDIA ARITMÉTICA | DISTRIBUCIÓN CUALQUIERA DE LOS DATOS | DISTRIBUCIÓN NORMAL |
|---|---|---|
| $\bar{x} \pm \sigma$ | - | 70% |
| $\bar{x} \pm 2\sigma$ | 75% | 95% |
| $\bar{x} \pm 3\sigma$ | 89% | 99% (1) |

Fuente: LÓPEZ Y HERNÁNDEZ, 2010: 54 y otros (1). El Teorema de Chebyshev nos indica la frecuencia estable de una variable para cada rango de valores; i.e., su probabilidad.

Las **medidas de forma**, nos informan del aspecto gráfico de la distribución y nos interesa la *Distribución Normal o de Gauss* que se caracteriza por una curva continua simétrica con forma de campana cuyos dos brazos se extienden hacia los extremos, y describe de manera aproximada muchos fenómenos de la naturaleza [e.g., la altura de los árboles de una especie, etc...]

La revisión de las *medidas características* de las variables relevantes nos permitirá relacionarlas con el estado global del sistema, y modelizar los indicadores de sostenibilidad como **la relación entre los diferentes valores posibles de cada variable y el grado en que el estado del sistema sea óptimo**:

- Los valores no posibles de la variable [i.e., no presentes en la distribución o con probabilidad casi nula] nos hablarán de estados no posibles o muy improbables del sistema.
- Los valores de las variables cuando el estado del sistema sea óptimo, nos hablarán de sus límites de sostenibilidad
- Los valores de las variables cuando el estado del sistema sea el peor posible nos hablarán de sus límites de insostenibilidad[164].

Y la modelización de la relación matemática entre la modificación de los valores de la variable y el estado global del sistema [para lo cual podrán utilizarse las *técnicas de regresión*], supondrá la formulación del indicador de sostenibilidad referido a dicha variable.

A-III.1.2 INFERENCIA DE PATRONES INTER-TEMPORALES: ANÁLISIS DE SERIES TEMPORALES

El análisis de series temporales nos permite detectar patrones en las variaciones de los valores de las variables que a su vez nos permitan predecir su *valor* en el futuro con varias finalidades:

- predecir el estado futuro del entorno, lo que determinará tanto las cuestiones relevantes para su sostenibilidad como para el grado de aptitud de los sistemas[165].

---

[164] Aunque la insostenibilidad se refiere a los estados no posibles de un sistema, el peor estado posible estará con frecuencia situado justo inmediato a su umbral de insostenibilidad, que además puede ser 'difuso'.

- predecir las características futuras de la organización optima de una clase de sistemas:
  - o las cualidades que la caracterizarán, que determinarán la descomposición lógica de su sostenibilidad.
  - o los valores que la caracterizarán, que determinarán sus límites de sostenibilidad e insostenibilidad y consecuentemente la formulación matemática de sus indicadores.
- predecir los valores que tendrán en el estado futuro las diferentes variables relevantes de un sistema concreto, lo que nos permitirá calcular su Grado de Sostenibilidad

### A-III.2 LA GEOMETRÍA FRACTAL: ORDEN DENTRO DEL DESORDEN

El término **fractal** deriva de *fracción*[166] y designa a una clase de objetos matemáticos, que poseen varias cualidades interesantes:

La primera cualidad que nos interesa es que la mayoría poseen **autosemejanza o autosimilitud**; "cada trozo de la figura es geométricamente semejante al todo" [Mandelbrot, 1983].

La autosemejanza de los fractales es muy frecuente en *objetos de la naturaleza* y puede entenderse a la vez como resultado y como principio generador [Zarza, 1996]:

- como *resultado* o todo en el que cada *parte* y el *todo* mantienen una relación de escala y semejanza.
- como *principio generador* constituye una *norma* que regula [y nos permite entender] el modo en que las partes pueden combinarse para formar el todo.

Con ello **la autosimilitud se configura como un patrón u orden** que reduce la impredecibilidad de los sistemas; que *repite* ciertas cualidades independientemente de la escala; que define una cierta **organización del conjunto [el todo y las partes].**

Sin embargo, la *autosimilitud* fractal incorpora flexibilidad: *"en la mayoría de sistemas de la naturaleza la iteración de estructuras entre escalas puede elegir entre varias opciones o se repite unas cuantas veces, y posteriormente se modifica"[167].*

La segunda cualidad que nos interesa es que tienen una **dimensión infinita en un espacio finito;** puede ser una longitud infinita en una superficie finita o una superficie infinita en un volumen finito.

---

[165] Cualidades que en la actualidad no son relevantes para la sostenibilidad de una clase de sistemas podrán serlo en el futuro según el curso de evolución de su entorno.

[166] El término fractal es propuesto por Mandelbrot en 1975 que lo define como "Un conjunto cuya dimensión de Hausdorff-Besicovitch es estrictamente mayor que su dimensión topológica" [Mandelbrot, 1983:32]

[167] "Un solo proceso iterativo traducido en unas normas básicas, resulta insuficiente para definir la forma total. Las formas se vuelven, por tanto, cada vez más orgánicas y [complicadas], cuando a cada paso hay una opción entre varias posibilidades de iteración o cuando una iteración particular, persiste durante varias escalas y luego cambia de repente en otra'" [Zarza, 1996: 56]

*Imagen 12: Esponja de Menger. Una superficie infinita en un volumen finito.*

La tercera cualidad es que constituyen la **representación de un conjunto de funciones iteradas;** son formas que *contienen la información de su proceso de construcción o evolución.*

Las estructuras fractales permiten generar estructuras estables de gran dimensión a partir de unos pocos *elementos*, maximizando la estabilidad de las escalas intermedias y la multiplicidad de formas posibles[168].

Sin embargo, las estructuras en la naturaleza no admiten simplemente variar la escala como método de crecimiento; requieren cierto cambio entre las sucesivas escalas, y **la iteración de estructuras fractales se convierte en una herramienta que** *facilita la evolución*[169]**.**

Las cualidades anteriores permiten interpretar la geometría fractal como *un patrón de orden subyacente a los sistemas*, pudiendo relacionarla con las jerarquías anidadas de los SA.

### A.III.2.1 LA ORGANIZACIÓN JERÁRQUICA DE LOS SISTEMAS COMO FRACTAL

La organización jerárquica de los sistemas constituye un tipo de patrón que reduce la impredecibilidad de los sistemas[170], *y que presenta varias cualidades propias de los fractales.*

La posibilidad de descomponer la información que describe los Sistemas Jerárquicos, presenta cierta *similitud formal* con las estructuras fractales que se evidencia en su representación gráfica.

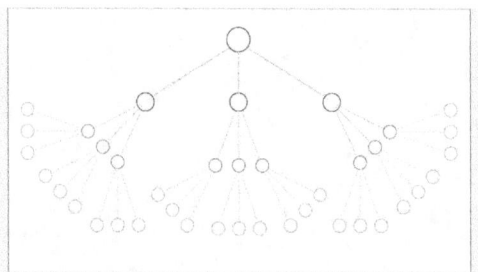

Figura 34: Descomposición como fractal. *La mayoría de los SA reales pueden ser descompuestos sucesivamente una cantidad enorme de veces, llegando a una apariencia grafica similar a la de ciertos fractales [la propia denominación de 'árbol' alude a un parecido con las estructuras naturales compartido con los fractales]*

*Si consideramos 3-5 descomposiciones en cada nivel, la dimensión fractal de una descomposición lógica estará entre un triángulo de Sierpinkski y una curva de Koch.*

---

[168] Por ejemplo, las ciudades siendo "uno de los artefactos humanos más sofisticados [...] están hechas de infinitas combinaciones de elementos urbanos básicos, formalmente muy simples en el origen [...] La iteración puede ser la clave del potencial creativo de la naturaleza o de los artefactos complejos humanos, segundas naturalezas, como las ciudades" [Zarza, 1996]

[169] En la naturaleza el cambio de escala no suele ser lineal. Por ejemplo, una persona de cien metros de altura no podría andar; no bastaría con agrandar las dimensiones de todos sus elementos; sería necesario rediseñar todas sus estructuras fisiológicas. Y esto explica por qué en los sistemas biológicos aparecen con frecuencia geometrías fractales, que permiten la iteración introduciendo 'cambio' entre las escalas.

[170] La existencia de interacciones más probables aumenta la predictibilidad en relación a un sistema

La agregación de indicadores se va a poder resolver mediante una misma formulación independiente de la escala[171]; *la relación entre los indicadores de un nivel y el de su nivel superior que los contiene va a estar definida por una regla o patrón invariante respecto a la escala.*

**La organización jerárquica puede ser interpretada como una iteración de funciones invariantes**[172]; un patrón fractal subyacente en la estructura de los Sistemas Adaptativos.

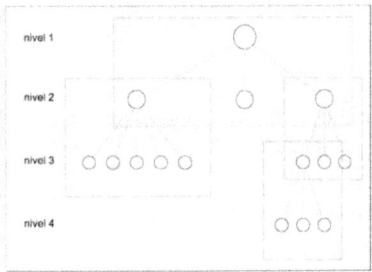

Figura 35: Jerarquía como iteración de funciones invariantes. *La posibilidad de agregar sucesivamente la información mediante una misma formulación, implica la existencia de una regla que relaciona los diferentes niveles independientemente de la escala.*

---

[171] En realidad, serán necesarias dos formulaciones, pero en una mayoría de casos sus resultados serán coincidentes.

[172] "un fractal es el compacto o imagen invariante de un sistema de funciones iteradas" [Murillo, 2009]

## ANEXO IV     LA EFICIENCIA DE LOS SISTEMAS: EFICIENCIA VS GRADO DE EFICIENCIA

Los SA son sistemas abiertos a su entorno, desde el cual importan continuamente entropía negativa [o neguentropía] y exportan entropía, para mantener sus estructuras lejos del equilibrio térmico.

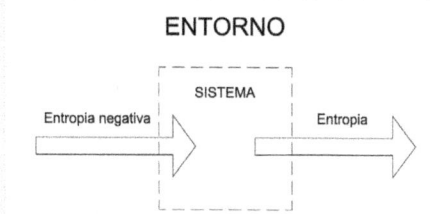

ENTORNO

Figura 36: Flujos de Entropía entre un sistema y su entorno *necesarios para que el sistema pueda sostenerse en el tiempo. Los flujos podrán ser en forma de materia, energía o información.*

Los SA tienden a reducir la cantidad de neguentropía disponible en sus entornos. Pero los entornos tienen límites a la cantidad máxima de entropía que pueden asimilar [o de neguentropía que pueden suministrar], y cuanta menos entropía negativa requiera un SA [y menor entropía genere] mayor será la capacidad de su entorno de 'sostener' a dicho sistema en el tiempo.

Y dado que hemos definido el estado 'sostenible' de un sistema como su estructura óptima, parece evidente que deberemos revisarlo también en términos de **Eficiencia Efe[I]**, lo que haremos considerando que la *Complejidad del sistema* [como cantidad de organización o estructura][173] sea el *producto obtenido* y los *flujos de entropía* necesarios para sostenerlo sean los *recursos consumidos*:

$$Efe[I] = \frac{C[I]}{F[I]} \tag{75}$$

Siendo C[I] la complejidad del sistema y F[I] un indicador agregado de sus flujos con el entorno.

La sostenibilidad de los sistemas requiere la sostenibilidad de sus interacciones con el entorno y con ello **'parece' que los sistemas más eficientes serán los más sostenibles** y que el grado de sostenibilidad de su evolución o desarrollo se podrá determinar por la variación de su eficiencia entre dos momentos temporales, es decir:

$$'Grado\ de\ sostenibilidad\ desarrollo' \sim f\big[\Delta Efe[I]\big] \sim f\left[\frac{\Delta C[I]}{\Delta F[I]}\right] \tag{76}$$

**Sin embargo** el concepto clásico de eficiencia no es relacionable con la sostenibilidad de los sistemas ni tampoco lo es la variación de la eficiencia con la sostenibilidad de su desarrollo. **El más eficiente de dos estados [o de dos sistemas] puede no ser el más sostenible.**

$$Efe_1[I] > Efe_2[I] \nleftrightarrow S_1[I] > S_2[I] \tag{77}$$

---

[173] Es importante indicar que en este texto se han utilizado los términos Complejidad y Grado de Complejidad de manera que según la Teoría Unificada de la Complejidad [Alvira, 2014a] el primero es aproximadamente equivalente a la Complejidad Absoluta y el segundo al Grado de Complejidad condicionada al concepto *Sostenibilidad*.

Esto lo podemos revisar representando un modelo sistema-entorno en términos de Complejidad o Evolución C[I] / Flujos de Entropía F[I]:

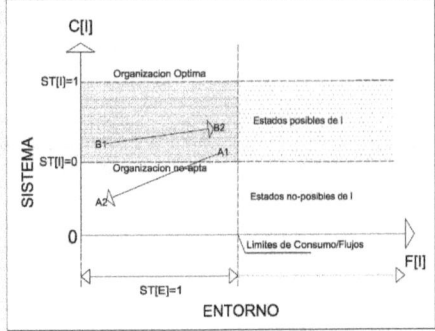

Figura 37: La revisión del Sistema-Entorno en términos Complejidad-Flujos, *nos permite ver que no existe una relación inequívoca entre la Eficiencia de un Sistema y su Sostenibilidad:*

$$Efe[B_1] > Efe[B_2] \wedge S[B_1] < S[B_2]$$

$$Efe[A_1] < Efe[A_2] \wedge S[A_2] = 0$$

*La modificación $A_1$-$A_2$ representa una evolución de un sistema que incrementa su eficiencia desde una situación $A_1$ hasta otra $A_2$ no-posible; es decir, hasta llegar a su insostenibilidad. Un sistema podría alcanzar su insostenibilidad completa incrementando su eficiencia [en realidad el sistema desaparecería antes de alcanzar $A_2$].*

**No existe una relación inequívoca entre Sostenibilidad y Eficiencia, y tampoco la hay entre la variación de la eficiencia de un sistema y la sostenibilidad de su evolución:**

- Un sistema puede evolucionar desde un estado $B_1$ a un estado $B_2$ más sostenible reduciendo su eficiencia.
- Un sistema puede incrementar su eficiencia desde un estado $A_1$ dirigiéndose hacia un estado $A_2$ que sea no-posible, llegando a su insostenibilidad absoluta.

Además, existen muchos *estados posibles* en los que un sistema podría evolucionar hacia una situación de mayor sostenibilidad manteniendo su eficiencia constante.

Lo realmente relevante para la sostenibilidad de los sistemas no será su Eficiencia en sentido estrictos, sino si F[I] y C[I] están cerca o lejos de la sostenibilidad. Esto hace necesario reformular la función de la *eficiencia*, transformándola para relacionarla con la sostenibilidad.

El primer paso será normalizar la *eficiencia* como una *función de grado*, y dado que el impacto de C[I] es sobre la sostenibilidad del sistema, y el impacto de F[I] es sobre la sostenibilidad del entorno, podemos relacionar el primero con S[I] y el segundo con $S[E_A]$:

*Normalización de la Complejidad como Grado de Complejidad*

Sabemos que la evolución inherente a los SA implica Complejidad siempre creciente y que la relación entre Complejidad y Sostenibilidad viene dada por el grado en que la organización del sistema se sitúa entre su estado óptimo [mejor posible] y su primer estado no-apto [o no-posible] para su clase. Esto nos permite *normalizar* la Complejidad como:

$$C[I]_\% = \frac{C[I] - C[I]_{no-posible}}{C[I]_{optima} - C[I]_{no-posible}} \tag{78}$$

Siendo C[I]% será el Grado de Complejidad' de I

Y C[I]% es equivalente a S[I], y por claridad en la explicación vamos a considerar C[I]no-posible=0:

$$C[I]_\% = \frac{C[I]}{C[I]_{optima}} \tag{79}$$

*Normalización de los flujos de entropía*

Sabemos que la sostenibilidad del entorno $S[E_A]$ se reduce cuando recibe mayor cantidad de Entropía que de Neguentropía. Existe un límite a la Neguentropía que el entorno puede suministrar al sistema/ Entropía que puede recibir del sistema, y si lo formulamos como un valor agregado $F[I]_{max}$, podremos normalizar $F[I]$ como:

$$F[I]_{\%} = \frac{F[I]}{F[I]_{max}} \tag{80}$$

A partir de las dos fórmulas anteriores, podemos adaptar la formula clásica de la eficiencia como:

$$Efe[I] = \frac{C[I]}{F[I]} \rightarrow Efe_1[I]_{\%} = \frac{C[I]_{\%}}{F[I]_{\%}} \tag{81}$$

Pero su revisión nos muestra que esta formulación sigue sin ser inequívocamente relacionable con la sostenibilidad de los sistemas:

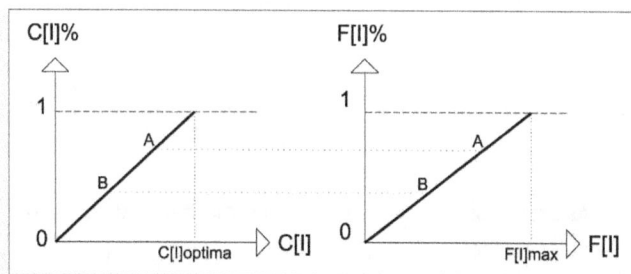

**Figura 38: Ausencia de relación entre Eficiencia y Sostenibilidad**

$$Efe[A]_{\%} = Efe[B]_{\%}$$

$$S[A] \neq S[B]$$

**El motivo es que la formula clásica de la eficiencia busca valorar la utilidad que obtenemos de los recursos empleados [se refiere a los consumos del sistema $F[I]_{\%}$] pero la sostenibilidad requiere valorar la utilidad obtenida en relación a los recursos todavía disponibles para el sistema $RD[I]_{\%}$[174].**

Ambos términos están relacionados pero su significado es diferente. Y si consideramos que los *consumos* de un sistema podrán ser como máximo igual al total de *Recursos Disponibles* en su entorno...

$$F[I]_{maximo} = RD[E]_{maximo} \tag{82}$$

Siendo RD_ un indicador agregado de *recursos disponibles* para el sistema en su entorno

...podemos relacionar $F[I]_{\%}$ y $RD[I]_{\%}$ que serán valores complementarios:

$$RD[E]_{\%} = 1 - F[I]_{\%}{}^{175} \leftrightarrow S[E_A] \cong RD[E]_{\%} \tag{83}$$

---

[174] En sentido estricto, los consumos [flujos] no son la variable relevante para la sostenibilidad, sino los recursos todavía disponibles. Un ejemplo es el $O_2$ que respiramos, cuyo consumo no se evalúa nunca en términos de eficiencia ni sostenibilidad porque las reservas existentes son casi ilimitadas en relación a los consumos [al menos a día de hoy]. Sin embargo, cuando buceamos con botella, el consumo de $O_2$ adquiere una relevancia fundamental, aunque el 'flujo' no ha cambiado; lo que ha cambiado son las 'reservas disponibles'.

[175] Esta es la fórmula tipo planteada para modelizar los indicadores de metabolismo cuando F[I]optima es igual a cero [ver Alvira, 2017a]

El grado de sostenibilidad de un sistema en un entorno S[E_A] en relación a sus consumos de Entropía es aproximadamente el complementario del valor de sus flujos normalizados [referido a su máximo valor posible]. Y plantear la formulación correcta del Grado de eficiencia del sistema requiere que comprendamos sus valores límites:

- un Grado de Eficiencia elevado implica que el sistema alcanza un grado de Complejidad cercano a su óptimo, preservando en grado elevado los recursos disponibles.
- un Grado de Eficiencia reducido implica que el sistema posee un grado de Complejidad reducido [se sitúa cerca de su umbral de no aptitud] o se sostiene utilizando en grado elevado los recursos disponibles en el entorno.

Esto nos lleva a proponer como formulación del *Grado de Eficiencia* en la utilización de los *Recursos Disponibles*[176]:

$$Efe_T[I]_\% = C[I]_\% * RD[E]_\% \leq C[I]_\% \cap RD[E]_\%{}^{177} \tag{84}$$

Y dado que el termino C[I] es aproximadamente equivalente a S[I] y el término RD[E] aproximadamente equivalente a S[Ea], entonces...

$$Efe_T[I]_\% \equiv S_T[I] * S_T[E_A] \leq S_T[I] \cap S_T[E_A] \tag{85}$$

Esto implica que si un sistema incrementa su Grado de Eficiencia, habrá incrementado su Grado de sostenibilidad condicionada a [los límites de] su entorno:

$$\Delta Efe_T[I]_\% \geq 0 \;\rightarrow\; S_T[I] \cap S_T[E_A] \tag{86}$$

Y si lo revisamos gráficamente, vemos que es posible comparar la formulación propuesta del Grado de Eficiencia con el Grado de Sostenibilidad de un sistema:

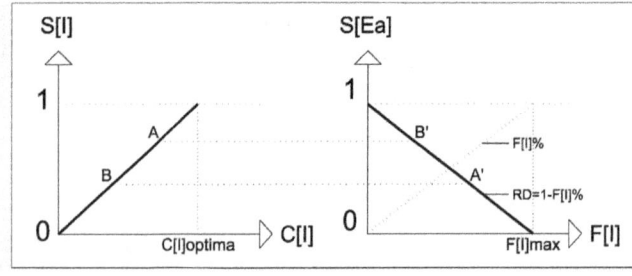

**Figura 39: Relación entre Grado de Eficiencia y Sostenibilidad**

$$Efe[A]_\% = Efe[B]_\%$$

$$S[A] = S[B]$$

*En la gráfica de la derecha vemos que los recursos disponibles RD son la función complementaria de los flujos F.*

---

[176] Alternativamente lo podríamos designar como 'Grado de Eficiencia en desarrollarse preservando los recursos necesarios', acercándonos al concepto de Desarrollo Sostenible.

[177] Se relaciona con el hecho revisado anteriormente de que ambos parámetros son 'eventos independientes'.

Sin embargo, para una mayoría de los sistemas no podremos modelizar S[I] independientemente de S[E_A][178], y este enfoque quedará como una aproximación conceptual pero no operativa, que no obstante nos permite plantear algunas cuestiones interesantes:

La primera es que la formulación del **Grado de Eficiencia** impide considerar eficiente un sistema que **no sea sostenible, eliminando la Paradoja de Jevons[179]**. El Grado de Eficiencia siempre será igual o menor que su Grado de Sostenibilidad, respetando la *condición de contención* del sistema respecto a su entorno:

$$Efe[I]_\% = S_T[I] * S_T[E_A] \leq \left[ S_T[I \cap E_A] \right] \leq S_T[E_A] \tag{87}$$

En términos lógicos, se trata de transformar una medida Eficiencia que no es un indicador de sostenibilidad [i.e.; que no pertenece a la clase sostenibilidad] en otra que sí lo es, es decir:

$$Efe[I] \notin S[I] \rightarrow Efe[I]_\% \in S[I] \tag{88}$$

El *Grado de Eficiencia* de un sistema será un indicador de su *Grado de Sostenibilidad* y sus dos valores extremos van a significar lo siguiente[180]:

- Efe[I]_%=1 implica $S_T[I]$=1 el máximo Grado de Eficiencia de un sistema implica su situación de Sostenibilidad.
- Efe[I]_%=0 implica $S_T[I]$=0 la total ineficiencia [no-eficiencia] de un sistema implica su total Insostenibilidad[181].

La segunda es que la evolución de los SA supone un incremento continuo de su complejidad en términos absolutos dC[I]/dt>0, lo que implica que **para que el *Grado de Eficiencia* de un sistema I se mantenga constante su *Eficiencia Absoluta* C[I]/F[I] deberá incrementarse continuamente.**

Y el hecho de que el Grado de Eficiencia sea un indicador de Grado de Sostenibilidad nos permite afirmar que *un sistema puede incrementar su eficiencia sin necesariamente reducir su insostenibilidad, pero si no incrementa su eficiencia en el tiempo verá reducida su sostenibilidad.*

Si un SA *sostiene* sus incrementos de complejidad sobre incrementos equivalentes de sus flujos de Entropía [i.e.: mantiene su eficiencia constante] superará tarde o temprano los límites de su entorno.

---

[178] El motivo es doble. Por una parte no suele ser posible modelizar ambos ámbitos de manera totalmente independiente. Por otra parte, en los SSE puede haber indicadores que monitorizan la disponibilidad de recursos que no dependen del entorno sino del sistema [e.g., recursos económicos], y que no suelen incluirse en la misma dimensión que los recursos del Entorno [ver Alvira, 2017a]

[179] La fórmula clásica de la eficiencia contabiliza incrementos parciales de eficiencia, que en un valor agregado pueden implicar mayores consumos del sistema [lo que se denomina *Paradoja de Jevons*]. Al formular el Grado de Eficiencia en relación con los recursos todavía disponibles para el conjunto del sistema, se elimina esta posibilidad.

[180] Es interesante indicar que mientras que para valores intermedios el Grado de Eficiencia no coincide con el Grado de Sostenibilidad [será siempre menor], en sus valores extremos sí lo hace.

[181] Este estado se podrá alcanzar porque la organización del sistema se sitúe en su estado pésimo o porque agote la capacidad disponible del entorno.

Ello introduce la *creatividad* como una variable relevante de la sostenibilidad; *un SA solo podrá perdurar si 'crea' continuamente estructuras nuevas que le permitan hacer más con lo mismo o menos*[182].

*La sostenibilidad se configura como un Estado de Eficiencia Creciente;* los incrementos de Complejidad de los SA deben sustentarse manteniendo constantes o reduciendo los flujos de Entropía.

Y la tercera es que nos **permite el análisis del Grado de Eficiencia referidos a aspectos parciales de los sistemas,** lo que será de utilidad para la toma de decisiones en los SSE[183].

---

[182] Esto nos permite entender de otra manera el énfasis que suele ponerse en los SSE en las políticas de Investigación y Desarrollo.

[183] Sin embargo, la condición de mejora de Pareto fuerte que impondremos en los indicadores globales de los modelos operativos para los SSE [ver ANEXO VIII   TOMA DE DECISIONES] impide que el Grado de Eficiencia del sistema se reduzca, salvo en situaciones en las que dicha reducción sea irrelevante para la sostenibilidad. Por ello, un procedimiento alternativo a modelizar el Grado de Eficiencia de los sistemas será establecer los umbrales adecuados para limitar la compensabilidad entre indicadores [ver Alvira, 2017a]

## ANEXO V      FORMULACIÓN DE INDICADORES DE SOSTENIBILIDAD DE UN SISTEMA

Hemos propuesto una definición de indicador de sostenibilidad como una función de pertenencia que transforma los valores de una [o varias] variable[s] relevante[s] para la sostenibilidad de un sistema, en el grado de pertenencia de dicho sistema a una clase o concepto $S_i$ implícito en la Sostenibilidad S para su clase de sistemas.

Vamos ahora a revisar dos cuestiones que complementan las revisadas en el texto principal:

- Diversas formulaciones matemáticas posibles
- El diferente significado que pueden tener diferentes formulaciones de indicador referidas a una misma variable de un sistema

Como conclusión a este Anexo, propondremos la información que debería incluirse en cualquier propuesta de indicador para que pueda ser utilizado con fiabilidad en diferentes modelos.

### A-V.1   FORMULACIONES MATEMÁTICAS DE INDICADORES DE SOSTENIBILIDAD

Existen numerosas funciones matemáticas que pueden utilizarse en el diseño de indicadores; cualquiera que pueda constituir una función de pertenencia para una clase podrá ser utilizada como un indicador de sostenibilidad, y vamos a revisar algunos ejemplos[184], comenzando por las de tipo lineal.

A-V.1.1 FUNCIONES DE TIPO LINEAL

INDICADORES DE VARIABLES CON CUATRO LÍMITES:

Supone la formula base a partir de la cual es posible deducir gran número de funciones:

TABLA 06_ INDICADORES DE VARIABLES CON CUATRO LIMITES

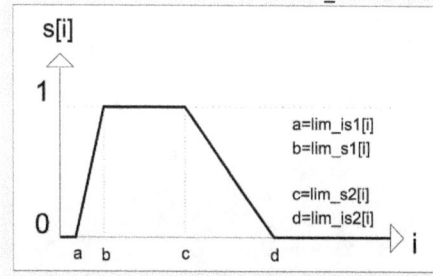

$$s[i] = \max\left[\min\left[\frac{i-a}{b-a}, 1, \frac{d-i}{d-c}\right], 0\right] (1)$$

Y la formula general es

$$S_T[I_i] = \max\left[\min\left[\frac{i_T - \lim_{is1}[I_i]}{\lim_{s1}[I_i] - \lim_{is1}[I_i]}; 1; \frac{\lim_{is2}[I_i] - i_T}{\lim_{is2}[I_i] - \lim_{s2}[I_i]}\right]; 0\right]$$

a=lim_is1[i]
b=lim_s1[i]

c=lim_s2[i]
d=lim_is2[i]

FUENTE: Elaboracion propia con las siguientes notas
(1)  Los codigos utilizados son:
   a.  $S_T[I_i]$ _Valor del indicador de sostenibilidad para la clase $S_i$ del sistema I en el momento temporal T
   b.  $I_T$_ valor de la variable i en el momento temporal T
   c.  $Lim_{is1}[I_i]$_límite de insostenibilidad 1 del sistema I en relación con la variable i
   d.  $Lim_{is2}[I_i]$_ límite de insostenibilidad 2 del sistema I en relación con la variable i
   e.  $Lim_{s1}[I_i]$_límite de sostenibilidad 1 del sistema I en relación con la variable i
   f.  $Lim_{s2}[I_i]$_ límite de sostenibilidad 2 del sistema I en relación con la variable i
(2)  Para estas explicaciones graficas vamos a utilizar lim_is para expresar lim ¬S, ya que permite mayor claridad en los graficos.

---

[184] Para otros ejemplos de indicadores propuestos por el autor, ver Alvira 2018. Para ejemplos de adaptación de indicadores existentes, ver Alvira 2019a.

## INDICADORES DE VARIABLES CON TRES LÍMITES:

Puede considerarse un caso particular del anterior cuando $\lim_{s1}[I_i] = \lim_{s2}[I_i]$

**TABLA 07_ INDICADORES DE VARIABLES CON TRES LIMITES**

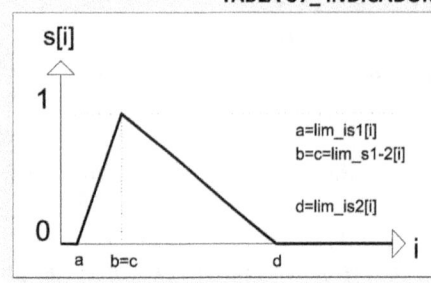

$$s[i] = \max\left[\min\left[\frac{i-a}{b-a}, 1, \frac{d-i}{d-b}\right], 0\right]$$

Y la formula general es

$$S_T[I_i] = \max\left[\min\left[\frac{i_T - \lim_{is1}[I_i]}{\lim_{s1}[I_i] - \lim_{is1}[I_i]}; 1; \frac{\lim_{is2}[I_i] - i_T}{\lim_{is2}[I_i] - \lim_{s1}[I_i]}\right]; 0\right]$$

FUENTE: Elaboracion propia.

## INDICADORES DE VARIABLES CON DOS LÍMITES

**TABLA 08_ INDICADORES DE VARIABLES CON DOS LIMITES**

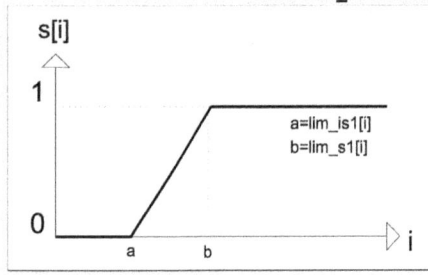

$$s[i] = \max\left[\min\left[\frac{i-a}{b-a}, 1\right], 0\right]$$

Y la formula general es

$$S_T[I_i] = \max\left[\min\left[\frac{i_T - \lim_{is1}[I_i]}{\lim_{s1}[I_i] - \lim_{is1}[I_i]}; 1\right]; 0\right]$$

FUENTE: Elaboración propia.

Un caso particular de variable con dos limites es cuando $\lim_{is1}[I_i] = 0$.

**TABLA 09_ INDICADORES DE VARIABLES CON DOS LIMITES: CASO PARTICULAR EN QUE $LIM_{is1}[I_i] = 0$**

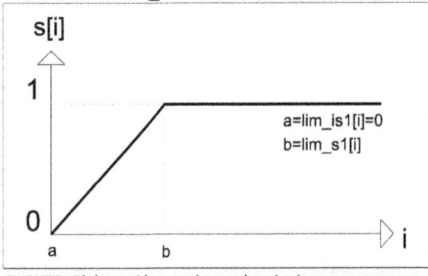

$$s[i] = \max\left[\min\left[\frac{i}{b}, 1\right], 0\right]$$

Y la formula general es

$$S_T[I_i] = \max\left[\min\left[\frac{i_T}{\lim_{s1}[I_i]}; 1\right]; 0\right]$$

FUENTE: Elaboración propia con las siguientes notas:
(1) Aunque sea un caso particular, su interés es considerable puesto que muchos indicadores se pueden caracterizar de esta manera [por ejemplo los indicadores de dotaciones urbanas], siendo una formula muy sencilla.
(2) Es importante insistir que se trata de una variable con dos límites, ya que si fuera una variable con solo un límite no podría ser una variable relevante.

## A-V.1.2 FUNCIONES NO-LINEALES

Las funciones matemáticas que modelizan los indicadores no necesariamente son lineales. Se incluye a continuación dos ejemplos interesantes[185]:

### INDICADORES DE VARIABLES CON DOS LÍMITES Y FUNCIÓN NO LINEAL CÓNCAVA

**TABLA 10_ INDICADORES DE VARIABLES CON DOS LIMITES Y FUNCIONES NO LINEALES**

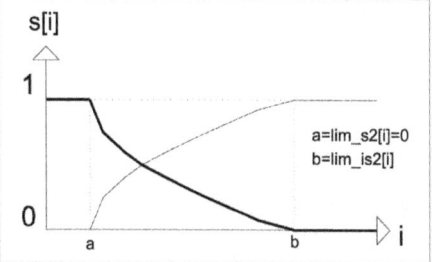

$$s[i] = max\left[min\left[1; 1 - \frac{[i-a]^{\frac{1}{2}}}{[b-a]^{\frac{1}{2}}}\right]; 0\right]$$

Y la formula general es

$$S_T[I_i] = max\left[min\left[1; 1 - \frac{\left[i_T - \lim_{s2}[I_i]\right]^{\frac{1}{2}}}{\left[\lim_{is2}[I_i] - \lim_{s2}[I_i]\right]^{\frac{1}{2}}}\right]; 0\right]$$

FUENTE: Elaboracion propia. Esta funcion permite formular como funciones de pertenencia algunos indicadores que proponen Prescott Allen, 2001 y Graymore et Al, 2010.

### INDICADORES DE VARIABLES CON DOS LÍMITES Y FUNCIÓN NO LINEAL CONVEXA

**TABLA 11_ INDICADORES DE VARIABLES CON DOS LIMITES Y FUNCIÓN CONVEXA**

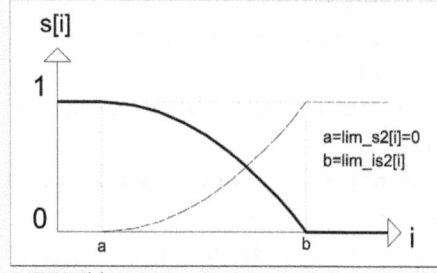

$$s[i] = max\left[min\left[1; 1 - \frac{[i-a]^2}{[b-a]^2}\right]; 0\right]$$

Y la formula general es

$$S_T[I_i] = max\left[min\left[1; 1 - \frac{\left[i_T - \lim_{s2}[I_i]\right]^2}{\left[\lim_{is2}[I_i] - \lim_{s2}[I_i]\right]^2}\right]; 0\right]$$

FUENTE: Elaboracion propia

## A-V.1.3 INDICADORES CON 'VALORES DE CORTE'

*Los valores de corte generalmente se utilizan en indicadores diseñados para procesos de toma de decisiones, para señalar* valores a partir de los cuales una situación se considera equivalente a la pertenencia total [y por tanto recibe una decisión positiva] o la exclusión total [y por tanto implica una decisión negativa].

Estos valores se pueden incorporar externamente[186] o integrar en las formulaciones, cuestión que requiere diferentes planteamientos según el tipo de función, y que para una función lineal creciente, puede ser del tipo:

---

[185] Para mayor sencillez, en funciones no lineales revisamos solo variables con dos límites.

[186] Por ejemplo, enunciándolos como *condiciones* a cumplir previas a la valoración en una toma de decisiones.

**TABLA 12_ INDICADOR DE UNA VARIABLE CON DOS VALORES DE CORTE**

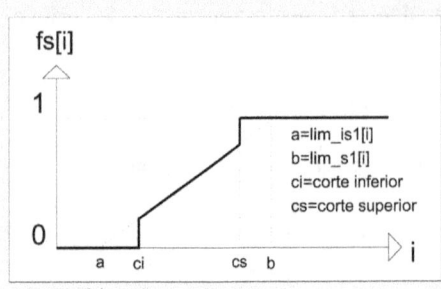

$$s[i] = \max\left[\min\left[max\left[\frac{i-a}{b-a};\frac{i}{c_s}\right];1;\operatorname{int}\left[\frac{i}{c_i}\right]\right],0\right]$$

Y la formulación quedaría del tipo:

$$S_T[I_i] = \max\left[\min\left[\max\left[\frac{i-\lim_{is1}[I_i]}{\lim_{s1}[I_i]-\lim_{is1}[I_i]};\frac{i}{c_s}\right];1;\operatorname{int}\left[\frac{i}{c_i}\right]\right];0\right]$$

a=lim_is1[i]
b=lim_s1[i]
ci=corte inferior
cs=corte superior

FUENTE: Elaboracion propia:
1) Los codigos son los siguientes:
   a. $c_i$_ valor de corte inferior; si i<$c_i$ la exclusión de S es total; $f_s[i]=0$
   b. $c_s$_ valor de corte superior; si i>$c_s$ la pertenencia a S es completa; $f_s[I]=1$
2) Para este ejemplo, se han establecido los valores de corte en relacion a valores de la variable 'i', pero tambien pueden establecerse en relacion a la funcion $f_s[i]$

## A-V.1.4 INEXACTITUD DE LOS INDICADORES DE SOSTENIBILIDAD

Existen algunas cuestiones que hacen que los indicadores y modelos de sostenibilidad casi siempre incorporen cierto margen de inexactitud:

La primera se debe a *dos características de los límites de sostenibilidad/insostenibilidad*:

- pueden no ser valores *exactos* sino *rangos de valores*; i.e., pueden ser límites *difusos*.
- pueden ser dinámicos; *variar* en función de diversos factores:
  - o el estado de las diferentes variables del sistema puede modificar los valores de los límites de sostenibilidad de las demás variables[187].
  - o el cambio implícito en la evolución de los sistemas [o sus *entornos*], hace que los *objetivos* o límites de sostenibilidad se modifiquen con el tiempo.
  - o la sostenibilidad de la coevolución hace que el *desarrollo* de unos sistemas pueda modificar los *límites* para otros sistemas[188].

La segunda se debe a que *calcular el grado de sostenibilidad implica una predicción del valor futuro de las variables del sistema,* y su fiabilidad dependerá de la precisión de dicha predicción:

- En ciertas ocasiones o aspectos de un sistema podremos considerar 'conocido' el estado final de una variable[189].
- En otras será necesario modelizar los procesos que afectan a dichas variables y nos apoyaremos en dos cuestiones que facilitan la predicción:
  - o los modelos podrán prescindir muchas veces de procesos cuyos efectos sobre el sistema no sean perceptibles en los plazos de análisis.

---

[187] Rockström et Al [2009]: sugieren que cuando ciertas variables de un sistema se acercan a su umbral de insostenibilidad, se reduce el rango de valores sostenibles para las otras variables del sistema, es decir, se desplazan sus *umbrales de insostenibilidad*

[188] Y por tanto deberán establecerse en cada momento en función del estado de los demás SA dentro de una misma clase o de otros SA con los que haya interacción. Por ejemplo, en una relación predador-presa la sostenibilidad de cada uno de ellos en relación con la variable *velocidad*, solo puede determinarse en relación con la del otro.

[189] Por ejemplo, si se quiere evaluar un *Proyecto de transformación urbana* cuyo diseño es conocido, el valor en el momento temporal t+1 de las variables que describen el medio urbano construido se podrá considerar coincidente con dicho diseño.

> o los procesos sin frecuencia estable conocida no serán, por definición, predecibles y por tanto la forma de incorporarlos en las predicciones/modelizaciones será mediante la monitorización suficientemente frecuente de los sistemas.

Esta inevitable inexactitud de indicadores y modelos de cuantificación de la sostenibilidad nos permite utilizar en una mayoría de ocasiones funciones relativamente sencillas. La exactitud total no es posible y *simplificar* los cálculos puede proporcionar suficiente precisión, mientras que utilizar funciones más complicadas puede incrementar los errores de cálculo y dificultar el uso generalizado de los modelos en procesos de decisión.

## A-V.2  *EL DIFERENTE SIGNIFICADO DE LOS INDICADORES*

La Teoría de Conjuntos/Clases Difusas equivale a la Lógica Difusa; afirmar que un sistema tiene un *grado de pertenencia* a una determinada clase equivale a afirmar que el concepto que equivale a la clase posee un *grado de verdad* referido al sistema.

La importancia de esta cuestión es fundamental porque un indicador $I_i$ referido a una información 'i' de un sistema puede tener diferentes significados según como la valore. Y si dos indicadores significan cosas diferentes, entonces están afirmando el grado de verdad de conceptos diferentes [realizando *afirmaciones diferentes*] respecto del sistema, i.e.: **están midiendo su grado de pertenencia a clases diferentes.**

Aunque en algunos casos puede ser aceptable diseñar indicadores de sostenibilidad *autónomos* [es decir, que no estén pensados para integrarse en una estructura de clases], lo habitual es lo contrario, puesto que la utilidad de un indicador de sostenibilidad referido a un aspecto de un sistema que no sea posible relacionar con otros aspectos de dicho sistema suele ser muy reducida; no podremos estar seguros de su significación/relevancia.

La utilidad [y validez] de un indicador estará, en general, supeditada a que esté midiendo el grado de pertenencia a alguna clase perteneciente a una descomposición lógica de la sostenibilidad.

Diseñar los indicadores del sistema no solo va a requerir detectar cual es la información relevante, sino medirla de la manera adecuada. **Tan importante como la información que mide va a ser cómo se mide,** lo que vamos a revisar mediante tres ejemplos de indicadores que miden:

- Ruido Aéreo
- Tasa de Empleo
- Uso del agua

### A-V.3.1 EJEMPLO 1: DOS INDICADORES REFERIDOS AL RUIDO

Vamos a revisar dos posibles diseños de un indicador para medir los efectos del ruido ambiente sobre una población:

El primero mide el **grado de confort de una población en un área urbana**:

### TABLA 13_ EJEMPLO INDICADOR DE CALIDAD URBANA 'CONFORT ACÚSTICO'

*Grafica indicador*

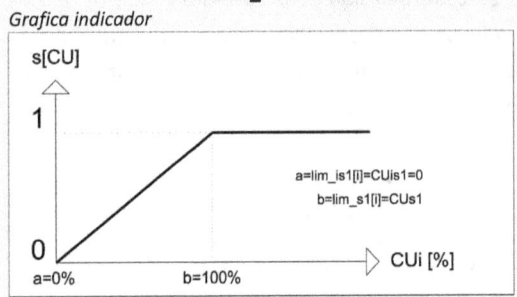

*Formulación indicador*

$$s[CU] = max\left[min\left[\frac{i - lim\,i}{\underset{s1}{lim\,i} - \underset{is}{lim\,i}}; 1\right]; 0\right]$$

Y la fórmula simplificada para el cálculo es:

$$CU[\%] = \frac{CU_i}{CU_s} * 100$$

Fuente: Elaboración propia y MFOM, 2012: 477. Indicador EPH.02.06. Confort Acústico:

1) Los códigos significan lo siguiente:
   CU_ Indicador 'Confort Acústico en al Área Urbana'
   CU_i porcentaje de población no expuesta a niveles acústicos superiores a 65 dB diurnos [por simplicidad no se ha incorporado una limitación complementaria de 55 dB nocturnos]
2) Se trata de un indicador para el cual es necesario establecer 2 límites:
   a. El Objetivo de Sostenibilidad para Confort Acústico CUs es que el 100% de la población esté sometida a niveles de ruido ambiente inferiores a 65 dB diurnos.
   b. El umbral de insostenibilidad CUis corresponde al 0%.

El segundo mide el **grado en que los niveles de ruido de un emplazamiento hacen posible o no la permanencia de personas en dicho emplazamiento.**

### TABLA 14_ EJEMPLO INDICADOR DE INHABITABILIDAD HUMANA 'RUIDO AÉREO'

*Grafica indicador*

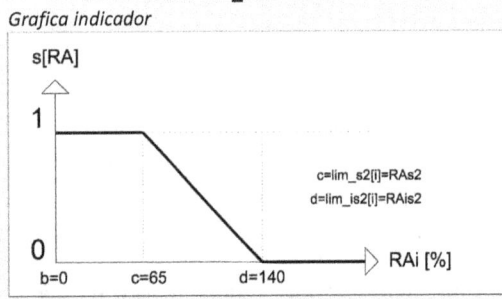

*Formulación indicador*

$$s[RA] = max\left[min\left[1; 1 - \frac{i - lim\,i}{\underset{ls}{lim\,i} - \underset{s2}{lim\,i}}\right]; 0\right]$$

Y la fórmula simplificada para el cálculo es:

$$RA[\%] = min\left[1; 1 - \frac{RA_i - 65}{75}\right] * 100$$

Fuente: Elaboración propia y OMS, 1999:

1) Los códigos significan lo siguiente:
   RA_ Indicador 'Inhabitabilidad Humana: Ruido Aéreo'
   RA_i nivel de ruido ambiente en dB
2) Se trata de un indicador para el cual es necesario establecer 2 límites:
   a. El Objetivo de Sostenibilidad para Ruido Aéreo RAs es que el nivel sea inferior a 65 dB.
   b. El umbral de insostenibilidad RAis se situara en el *umbral de dolor* 140 Db [a partir de dicho nivel se experimenta dolor agudo y puede perforarse el tímpano].

Ambos indicadores están relacionados con la habitabilidad de un *entorno* para un SSE [un prerrequisito de su sostenibilidad], pero si revisamos su significado podemos ver dos diferencias importantes:

La primera es que **ambos indicadores miden la pertenencia a clases diferentes**:

- El primer indicador lo hace a la *clase de los sistemas 'no-confortables'*; aquellos en los que el exceso de ruido reduce el confort de sus habitantes, lo que no implica in-habitabilidad ni generalmente constituye por sí solo una causa de abandono de un área urbana por sus habitantes [pero si influye sobre la 'deseabilidad' del entorno urbano, y puede ser causa de su abandono, sobre todo si se combina con otras causas].

- El segundo indicador lo hace a la *clase de sistemas en los que 'no es posible permanecer'*; el exceso de ruido imposibilita que una persona pueda permanecer más de un lapso muy breve de tiempo, implica inhabitabilidad completa.

La segunda es que **tienen diferente nivel de significación en relación con la sostenibilidad**:

- en el primer indicador un valor 0% no necesariamente implica *Insostenibilidad total*.
- en el segundo indicador la insostenibilidad absoluta se alcanza para valores superiores al 0%.

Y esto último es muy importante: hemos definido un indicador como la función de pertenencia de un sistema I a una clase $S_i$ contenida en S; y la *condición de contención* implica que:

$$\forall i: S_i \in S \rightarrow S_i[I] \leq S[I] \tag{89}$$

Y para el segundo indicador no se cumpliría. Existe un rango de valores de i para el cual el valor del indicador superaría al Grado de sostenibilidad del sistema [referido también a i] y por tanto no puede ser considerado un indicador de sostenibilidad. Pueden existir *entornos* de dicha clase que no pertenezcan a la clase de los 'entornos capaces de sostener un SSE'.

**Si el límite de insostenibilidad absoluta se alcanza para un valor del indicador superior a cero, entonces no puede ser considerado un indicador de sostenibilidad[190].**

## A-V.3.2 EJEMPLO 2: DOS INDICADORES REFERIDOS A LA TASA DE EMPLEO

El ejemplo anterior plantea un caso que puede suceder pero que no resulta frecuente. Somos relativamente capaces de diferenciar cuál es el correcto de dos indicadores referidos a variables diferentes.

Pero ahora vamos a revisar otro ejemplo de lo anterior en el cual la variable medida es estrictamente la misma [la *tasa de empleo* en una población], y los indicadores solo se diferencian en el planteamiento matemático y limites considerados.

---

[190] En términos lógicos podríamos decir que la no existencia de niveles de ruido que impidan la permanencia de las personas será una condición necesaria pero no suficiente para que un Entorno pueda sostener un SSE.

El primero mide el **grado de Actividad Laboral** en un área urbana:

**TABLA 15_ INDICADOR DE ACTIVIDAD LABORAL: TASA DE EMPLEO**

*Grafica indicador*                    *Formulación indicador*

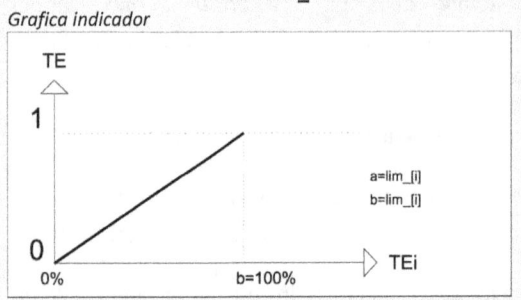

$$s[TE] = max\left[min\left[\frac{i - lim\,i}{lim\,i - lim\,i}; 1\right]; 0\right]$$

Y la fórmula simplificada para el cálculo es:

$$TE[I]_{\%} = TE_i$$

Fuente: Elaboración propia [indicador de actividad económica clásico]:

1) Los códigos significan lo siguiente:

TE_ Indicador Económico 'Tasa de Empleo'

TE_ porcentaje de población activa empleada.

2) Se trata de un indicador para el cual es necesario establecer 2 límites:

a. El Objetivo de 'Actividad Económica' TEs se establece en que el 100% de la población activa tenga empleo.

b. El umbral de in-actividad económica TEis corresponde al 0%.

El segundo mide el **grado de sostenibilidad socioeconómica** de dicho área urbana:

**TABLA 16_ INDICADOR SOSTENIBILIDAD: EMPLEO SOSTENIBLE**

*Grafica indicador*                    *Formulación indicador*

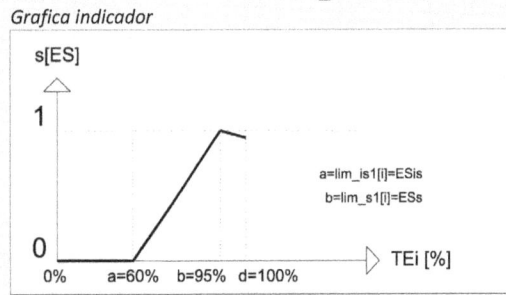

$$s[ES] = max\left[min\left[\frac{i - lim\,i}{lim\,i - lim\,i}; 1; \frac{lim\,i}{i}\right]; 0\right]$$

Y la fórmula simplificada para el cálculo es:

$$ES[I]_{\%} = min\left[\frac{TEi - 0,6}{0,35}; 1; \frac{0,95}{TEi}\right] * 100$$

Fuente: Elaboración propia y Prescott-Allen [2001]:

1) Los códigos significan lo siguiente:

ES_ Indicador 'Sostenibilidad económica: Empleo Sostenible'

TE_ porcentaje de población activa empleada

2) Se trata de un indicador para el cual es necesario establecer 2 límites y 'lógica creciente':

a. El Objetivo de Sostenibilidad ESs se establece en que el 95% de la población activa tenga empleo [una tasa de empleo superior puede obligar a los empresarios a pagar salarios por encima de las posibilidades reales del mercado]

b. El umbral de insostenibilidad ESis se establece en que menos del 60% de la población activa tenga empleo [este límite se ha establecido a partir de la revisión de los datos de los países europeos desde la IIGM, en los que las cifras de Empleo solo han bajado del 60% en situaciones de guerra]

**Los indicadores están midiendo la pertenencia a clases diferentes para diferentes formulaciones posibles sobre una misma variable;** el primero a la clase de los sistemas que tienen *actividad laboral*, mientras que el segundo a la clase de los *sistemas socioeconómicamente sostenibles*, **y la primera de ellas no está contenida en el concepto S.**

El indicador de Actividad Laboral no cumple la condición de contención [la situación de insostenibilidad absoluta se puede alcanzar para niveles de actividad laboral superiores a 0]; y por tanto un indicador de 'Tasa de Empleo' no será un indicador de sostenibilidad.

**Este ejemplo sirve por tanto para destacar la importancia de elegir correctamente los límites y formulaciones utilizadas en los indicadores.**

## A-V.3.3 EJEMPLO 3: UN INDICADOR REFERIDO AL CONSUMO DE AGUA DE UNA POBLACIÓN.

Vamos a revisar un caso de variable i que presenta rangos de valores que determinan la pertenencia de I a diferentes clases $S_i$ estando todas ellas contenidas en S, para lo cual evaluamos la 'sostenibilidad del consumo de agua en una población':

**TABLA 17_ INDICADOR SOSTENIBILIDAD EN UTILIZACIÓN RECURSOS HÍDRICOS: CONSUMO DE AGUA**

*Grafica indicador*

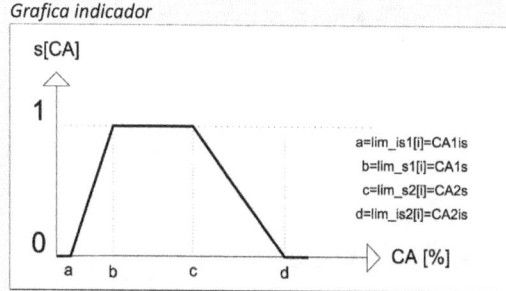

a=lim_is1[i]=CA1is
b=lim_is1[i]=CA1s
c=lim_is2[i]=CA2s
d=lim_is2[i]=CA2is

*Formulación indicador*

$$s[CA] = max\left[min\left[\frac{i - \lim_{is}i}{\lim_{s1}i - \lim_{is}i}; 1; \frac{\lim_{is2}i - i}{\lim_{is2}i - \lim_{s2}i}\right]; 0\right]$$

Y la fórmula simplificada para el cálculo es:

$$CA[I]_\% = max\left[min\left[\frac{CAi - 2}{18}; 1; \frac{230 - CAi}{160}\right] * 100; 0\right]$$

Fuente: Elaboración propia, WFN, 2011 Blue Water Footprint ; OMS / UNICEF [2007]

1) Los códigos significan lo siguiente:
   CA_ Indicador 'Sostenibilidad En Utilización Recursos Hídricos: Consumo de Agua'
   CAi_ Consumo de agua en litros/día por persona en el área urbana
2) Se trata de un indicador para el cual es necesario establecer 4 límites:
   a. Dos Objetivos de Sostenibilidad que se establecen en:
      i. CA1s se establece en que cada persona tenga acceso al menos a 20l/día de agua potable mejorada [mínimo propuesto por OMS/UNICEF, 2007]
      ii. CA2s se establece en utilizar menos de 70 l/día por persona [AEUB, 2010. Indicador 34]
   b. Dos umbrales de insostenibilidad que se establecen en:
      i. CA1is se establece en que el acceso a agua por persona sea inferior a 2l/día [considerado consumo mínimo imprescindible por persona y dia]
      ii. CA2is se establece en un consumo por persona superior a 230 l/día [corresponde a una utilización de recursos hídricos superior al 80%, suponiendo una disponibilidad de 111,5 Gm3/año, una población de 48.000.000 hab, y que el consumo directo mantenga su ratio sobre el total del 4,5%]

Ambos *rangos de valores* están midiendo el grado de pertenencia a clases $S_i$ contenidas en S; el primer rango mide pertenencia a la clase de las 'ciudades socialmente sostenibles', mientras que el segundo la mide a la clase de las 'ciudades medioambientalmente sostenibles'.

Y esto quiere decir que el diseño podría ser aceptable como un indicador de sostenibilidad, que desee valorar la sostenibilidad del consumo de agua en un área urbana, pero el problema que nos vamos a encontrar es que difícilmente podrá ser incorporado en una descomposición lógica de la sostenibilidad, puesto que ambas clases [sostenibilidad social/sostenibilidad ambiental] suelen estar separadas en las descomposiciones lógicas de los SSE, y su significación puede ser diferente.

Un enfoque alternativo es plantear dos indicadores separados:

Un Indicador de **Sostenibilidad en Utilización Recursos Hídricos**:

### TABLA 18_ INDICADOR SOSTENIBILIDAD EN UTILIZACIÓN RECURSOS HÍDRICOS: HUELLA HÍDRICA AZUL

*Grafica indicador*

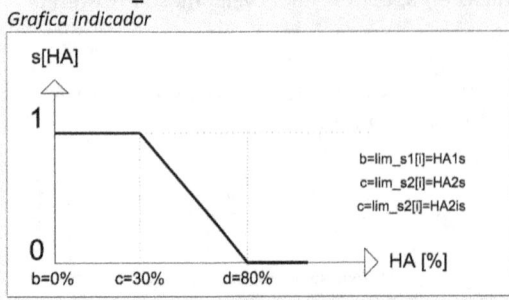

*Formulación indicador*

$$s[HA] = max\left[min\left[1; \frac{lim\,i - i}{\underset{is2}{lim\,i} - \underset{s2}{lim\,i}}\right]; 0\right]$$

Y la fórmula simplificada para el cálculo es:

$$HA[\%] = max\left[min\left[1; \frac{0,80 - HAi}{0,50}\right] * 100; 0\right]$$

Siendo

$$HAi = \frac{ha}{Rha}$$

Fuente: Elaboración propia, WFN, 2011 Blue Water Footprint y otros.
3) Los códigos significan lo siguiente:
    HA_ Indicador 'Sostenibilidad en Utilización Recursos Hídricos: Huella Hídrica Azul'
    HAi_ Indicador 'Huella azul' del área urbana
    ha_ Huella hídrica azul del área urbana
    Rha_ Biocapacidad disponible [recursos hídricos azules]
4) Se trata de un indicador para el cual es necesario establecer 2 límites y 'lógica decreciente':
    a. El Objetivo de Sostenibilidad HA2s se establece en utilizar menos del 30% de los recursos hídricos azules
    b. El umbral de insostenibilidad HA2is corresponde a una utilización de recursos hídricos superior al 80%

Y un indicador de **Sostenibilidad Social**:

### TABLA 19_ INDICADOR SOSTENIBILIDAD SOCIAL: POBLACIÓN CON ACCESO A SUMINISTRO DE AGUA

*Grafica indicador*

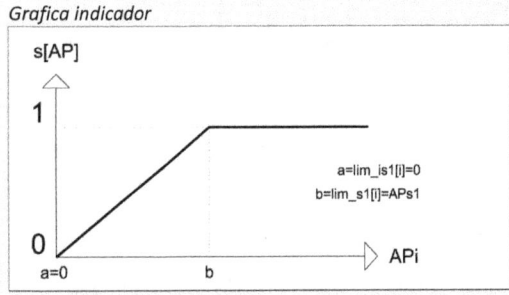

*Formulación indicador*

$$s[AP] = max\left[min\left[\frac{i - lim\,i}{\underset{s1}{lim\,i} - \underset{is1}{lim\,i}}; 1\right]; 0\right]$$

Y la fórmula simplificada para el cálculo es:

$$AP[I]_\% = \frac{AP_i}{AP_s} * 100$$

Fuente: Elaboración propia y OMS:
1) Los códigos significan lo siguiente:
    AP_ Indicador 'Población con Acceso a suministro Agua Potable'
    APi_ porcentaje de población con acceso a suministro de agua mejorada
2) Se trata de un indicador para el cual es necesario establecer 2 límites y 'lógica creciente':
    a. El Objetivo de Sostenibilidad APs se establece en que el 100% de la población tenga acceso a agua potable mejorada.
    b. El umbral de insostenibilidad APis corresponde al 0%.

## A-V.3.4 CONCLUSIONES

Los ejemplos revisados ponen de relieve el diferente significado que pueden tener indicadores referidos a una misma o similar *información* de un sistema, lo cual nos obliga a tener un especial cuidado en el diseño de los indicadores.

*Medir diferentes efectos de una variable implica medir el grado de pertenencia a clases o conceptos diferentes; i.e.: las afirmaciones cuyo grado de verdad o falsedad se está determinando no son las mismas,* y ello se puede deber a las variables consideradas; a los límites de sostenibilidad / insostenibilidad elegidos; o las formulaciones matemáticas planteadas.

Existen muchos diseños de indicadores posibles, pero si su objetivo es permitirnos determinar un valor agregado de grado de sostenibilidad del sistema, entonces tienen que medir el grado de pertenencia a clases incluidas en la descomposición lógica de la sostenibilidad de dicho sistema.

Y nos lleva a insistir en que **el proceso se debe iniciar de arriba hacia abajo**; realizando la descomposición lógica de la sostenibilidad y diseñando indicadores adecuados para medir la pertenencia a cada clase que descomponemos.

El diseño de cada indicador debe respetar la estructura de clases definida que determina los límites de la variable, el tipo de formulación elegida y su forma de agregación posterior, y no al revés; **diseñar primero los indicadores y luego tratar de estructurarlos puede llevar a errores importantes.**

Y el objetivo de generar conocimiento utilizable por otras personas, hace necesario **indicar claramente las premisas y enfoque utilizado para el diseño del indicador**, motivo por el cual vamos a proponer una **información tipo que debería incluir cualquier indicador.**

### A-V.3   *INFORMACIÓN TIPO QUE DEBE PROPORCIONAR UN INDICADOR*

En correspondencia con las conclusiones indicadas, se sugiere el siguiente guion de la información que debería detallar cualquier indicador para que pueda ser correctamente interpretado o incluido en otros modelos:

- **Título del Indicador** que opcionalmente puede incluir descriptores que especifiquen supuestos en los que un indicador es utilizable y sus posibles interpretaciones.
- **Definición y Objetivos** por los que se propone el indicador:
    - **Descomposición lógica** y subclase $S_i$ /$\neg S_i$ a la cual se refiere el indicador.
    - **Gráfica de la función de pertenencia** al conjunto $S_i$
    - **Cálculo del Indicador y Objetivos de Sostenibilidad:** detallando y justificando los límites de sostenibilidad, e incluyendo formulación detallada del indicador.
    - **Fuentes bibliográficas o Indicadores** utilizados para seleccionar las variables relevantes, límites y formulación del indicador
- **Otras áreas relacionadas** del sistema de las que el indicador proporciona información.
- **Observaciones o cuestiones complementarias** que podrían requerir modificar el indicador; planteamientos alternativos para su cálculo; etc...

## ANEXO VI    AGREGACIÓN DE INDICADORES

### A-VI.1  FORMULACIONES MATEMÁTICAS PARA LA AGREGACIÓN DE INDICADORES

Una vez que hemos formulado los indicadores elementales [hojas] de la representación jerárquica de la Sostenibilidad, es necesario establecer las formulaciones que permitan su agregación para el cálculo de los indicadores no-elementales [ramas].

Para ello, vamos a considerar un sistema cuya sostenibilidad fuera cuantificable descomponiéndola en solo dos niveles; es decir, que tengamos un conjunto de indicadores cuya agregación nos proporcione directamente el Grado de Sostenibilidad global del sistema.

Figura 40: Grado de sostenibilidad como indicador agregado *para una representación jerárquica de la sostenibilidad con solo dos niveles. Su resolución nos permitirá establecer las formulaciones tipo que permitan agregar conjuntos de indicadores en cualquier jerarquía.*

Y vamos a realizar tres acercamientos posibles para su cuantificación:

- Como una medida de posición o distancia: Grado de Estabilidad o Resiliencia
- Como una medida de Neguentropía o Grado de certidumbre
- Como una medida de Tendencia Central

### A-VI.1.1 FORMULACIÓN COMO MEDIDA DE POSICIÓN O DISTANCIA: GRADO DE RESILIENCIA $R_s[I]$

Dos de los marcos teóricos revisados hasta ahora nos permiten interpretar el valor agregado como una *posición*, es decir, equivalente a la posición del centroide de un sistema de cargas:

- Desde la **Lógica de clases difusas** constituye una opción de *agregación de funciones difusas*.
- Desde la **Teoría de Sistemas** equivale a una medida de la *distancia relativa entre la disolución el estado óptimo.*

Supone considerar que el 2º principio de la termodinámica actúa de manera similar a la gravedad, acercando a los sistemas a la situación de insostenibilidad; y por ello, la equivalencia con el centroide se hace considerando que la atracción proviene de la situación de insostenibilidad [mayor entropía].

Y la Estabilidad será la capacidad de los SA de mantener su estructura alejada del equilibrio térmico[191], e implicará la idea de *permanencia*; un sistema *estable* será aquel que perdura.

Pero los entornos no predecibles implican la posibilidad de que los sistemas reciban *perturbaciones* a veces no tan *leves*, y la estabilidad de los SA requerirá que sean capaces de incorporarlas y seguir funcionando sin perder sus características esenciales; lo que denominamos su *Resiliencia.*

Consideramos por tanto que la Resiliencia de los SA implicará su Estabilidad y vamos a proponer una formulación del Grado de Resiliencia de un sistema, lo que haremos en dos pasos:

---

[191] En Teoría de Sistemas se llama equilibrio estable a aquel en el cual un sistema es insensible a perturbaciones leves [retoma la posición original después de una variación pequeña], en cualquiera de sus variables relevantes [Von Bertalanffy, 1968:265]. Una *perturbación* será un impacto externo que aleja al sistema de su posición *estable*, y lo acerca al Equilibrio Térmico

PASO 1: GRADO DE RESILIENCIA DE UN SISTEMA EN RELACIÓN A CADA VARIABLE RELEVANTE

**Vamos a definir el grado de Resiliencia de un sistema en relación a sus variables relevantes,** como *la capacidad del sistema de recibir perturbaciones que afecten al valor de cualquiera de dichas variables, absorbiéndolas y recuperando posteriormente una posición similar a la original,* y serán sus indicadores de resiliencia $Rs[I_i]_\%$, cuyos valores extremos tendrán el siguiente significado:

- $Rs[I_i]_\%$ =1 significará el valor optimo [la variable i indica que el sistema está en una posición en la que puede resistir impactos máximos en relación a dicha variable]
- $Rs[I_i]_\%$ =0 significará que la variable i no está aportando nada de resiliencia a dicho sistema, la no-disolución del sistema dependerá de los valores de las otras variables.

Por tanto, una perturbación del sistema será un impacto externo que reduce el valor de un indicador [alejándolo de su valor 1 y llevándolo hacia el valor 0] y la resiliencia será la capacidad del sistema de volver a incrementar el valor de dicho indicador hasta su posición inicial.

Un sistema I tendrá la máxima capacidad de ser *perturbado* en relación a una variable 'i' cuando el valor de su indicador $I_i$ tenga la mayor distancia a la disolución; es decir, cuando $I_i=1$[192] y la situación en que el valor de todos los indicadores $Rs[I_i]_\%$=1 proporcionará el Grado de Resiliencia máxima que pueda tener un sistema, que será $Rs[I]_\%$=1

$$\forall i \in I: Rs[I_i]_\% = 1 \leftrightarrow Rs[I]_\% = 1 \tag{90}$$

Complementariamente, a medida que se reduzca el Grado de Resiliencia del sistema en relación a cada una de sus variables [es decir el valor de los indicadores], se irá reduciendo su Grado de Resiliencia global, que alcanzará el valor 0 con total certeza en el momento en que todos los indicadores alcancen el valor cero [situación de insostenibilidad total], es decir[193]:

$$\forall i \in I: Rs[I_i]_\% = 0 \rightarrow Rs[I]_\% = 0 \tag{91}$$

Donde $Rs[I]_\%$=0 implica la *disolución del sistema.*

Hemos definido el estado sostenible de un sistema como su estado óptimo, y necesariamente es estado de resiliencia máxima[194] alejado del estado de insostenibilidad [nula resiliencia], y lo podemos expresar como:

$$Distancia \ a \ la \ Nula \ Resiliencia \ [disolucion] = Rs[I]_\% = S_T[I] \tag{92}$$

$$Distancia \ a \ la \ Maxima \ Resiliencia = 1 - Rs[I]_\% = 1 - S_T[I] = \neg S_T[I] \tag{93}$$

---

[192] Es evidente que la máxima perturbación admisible para cualquier indicador será -1, y se alcanzará cuando $I_i=1$; valores más reducidos del indicador, permitirán menor perturbación y por tanto la resiliencia y la estabilidad serán menores.

[193] En muchos sistemas existirán indicadores $Rs[Ii]$ para los cuales un valor 0 supondría la disolución del sistema; y por tanto, no todos los indicadores relevantes deberán valer 0 para que se alcance la insostenibilidad total. Para simplificar de momento vamos a suponer que sea un sistema en el cual no exista ningún indicador así.

[194] Si la resiliencia se pudiera incrementar, significaría que todavía no sería el estado óptimo, puesto que existirá un *estado mejor* posible.

La *distancia a la máxima resiliencia* será un indicador del *Grado de no-Resiliencia* [o vulnerabilidad] del sistema en relación a cada una de sus variables 'i':

$$S_T[I] = 1 - \neg S_T \tag{94}$$

$$\neg Rs[I_i]_\% = 1 - Rs[I_i]_\%{}^{195} \tag{95}$$

**Y la situación de *máxima resiliencia* de un sistema será aquella en la que mantiene sus variables relevantes más alejadas de los puntos que podrían llevarlo a su disolución, es decir, de sus *umbrales de inestabilidad*.**

PASO 2: CALCULO DEL GRADO DE RESILIENCIA GLOBAL DEL SISTEMA

Hemos planteado los indicadores $Rs[I_i]_\%$ como el *Grado de Resiliencia* de un sistema I en relación con cada una de sus variables relevantes; o dicho de otra manera 'el grado de perturbación máximo de dicho sistema en relación a cada una de ellas', y por tanto:

- $Rs[I_i]_\% = 1$ indicará el estado de máxima resiliencia posible del sistema I en relación con la variable i; incrementar el valor de i ya no incrementa más la resiliencia del sistema.
- $Rs[I_i]=0$ indicará el estado de mínima resiliencia posible del sistema I en relación con la variable i; reducir el valor de i ya no reduce más la resiliencia del sistema[196].

Y hemos definido una perturbación como un alejamiento del sistema de su estado de máxima estabilidad [situación de sostenibilidad] hacia el equilibrio térmico, y esto nos va a permitir calcular el Grado de Resiliencia global del sistema como distancia global del sistema a su *umbral de disolución*.

Es importante indicar que ***resiliencia y vulnerabilidad* no son propiedades 'simétricas';** el Segundo Principio hace que los sistemas tiendan a su disolución y mantenerse lejos de ella requiere la realización continua de esfuerzo. Si un sistema no realiza trabajo llegará inevitablemente a su disolución.

Pero además, la situación de disolución será en la mayoría de las veces un estado no reversible; si el sistema lo alcanza casi nunca podrá volver a formarse autónomamente, pero en numerosos casos ni siquiera podrá hacerlo con ayuda de un *agente organizador externo*[197].

Y por tanto, **lo más importante para la Resiliencia global del sistema será maximizar la distancia a la disolución para todos los indicadores relevantes.** En cierta manera los indicadores relevantes pueden implicar mayor Grado de no-Resiliencia [o vulnerabilidad] que Grado de Resiliencia del sistema.

---

[195] El Grado de no-Resiliencia [Inestabilidad o Vulnerabilidad] será por tanto equivalente a la *distancia al estado de máxima resiliencia*.

[196] En esa situación la variable i ya no está contribuyendo a que el sistema siga existiendo.

[197] La disolución de los SA se presenta por tanto como un estado diferente de las dinámicas de organización /desorganización de los Sistemas Caóticos, y en una mayoría de ocasiones no reversible.

Dado que $Rs[I_i]_\%$ se sitúa entre $[0,1]$ y que $I$ tendrá un numero finito de variables relevantes n, podemos decir que **si conocemos los valores de todos los indicadores $Rs[I_i]_\%$ la distancia máxima a la disolución repartida uniformemente[198] coincidirá con su media aritmética:**

$$\neg Rs[I]_\% \geq 1 - \overline{Rs[I_i]_\%} \tag{96}$$

**Y la situación con menor inestabilidad para un sistema [posición con mayor resiliencia] será aquella en la cual todos los indicadores de Resiliencia tienen el mismo valor:**

$$\neg Rs[I]_{\%min} \leftrightarrow \forall i \in I: Rs[I_i]_\% = \overline{Rs[I_i]_\%} \leftrightarrow Rs[I]_{\%max} \tag{97}$$

Cada indicador hará una contribución a la resiliencia global que dependerá de su distancia al punto de máxima resiliencia global -valor medio de la distribución de valores $Rs[I_i]_\%$- con un valor positivo si el indicador es mayor y negativo si es menor.

$$rs[I_i]_\% = Rs[I_i]_\% - \overline{Rs[I_i]_\%} \tag{98}$$

Y la *minoración de la resiliencia global* que cada indicador aportará al conjunto será el valor complementario del anterior[199], es decir:

$$\neg rs[I_i]_\% = 1 - rs[I_i]_\% = 1 + \overline{Rs[I_i]_\%} - Rs[I_i]_\% \tag{99}$$

Cada indicador minora la resiliencia del conjunto en mayor medida cuanto menor sea su valor respecto a la media, y lo podremos expresar en relación al valor total de R[I] como:

$$\neg rs[I_i]_\% = \frac{1 + \overline{Rs[I_i]_\%} - Rs[I_i]_\%}{\sum_{i=0}^{n}[1 + \overline{Rs[I_i]_\%} - Rs[I_i]_\%]} \tag{100}$$

A este parámetro lo llamamos *coeficiente de minoración de resiliencia* $k_R[I_i]$, y lo normalizamos:

$$k_R[I_i] = \frac{1}{n} * \left[1 + \overline{Rs[I_i]_\%} - Rs[I_i]_\%\right] \tag{101}$$

Y podremos calcular el *Grado de Resiliencia Global* de sistema I como una agregación de los diferentes indicadores parciales ponderados por dicho coeficiente, es decir:

$$Rs[I]_\% = \sum_{i=1}^{n} Rs[I_i]_\% * k_R[I_i] \tag{102}$$

---

[198] Equivale al menor Grado de vulnerabilidad e inestabilidad posible del sistema en relación con cada variable.

[199] El sistema tiende a la disolución o inestabilidad, y cada indicador minorará la resiliencia global en función de su distancia al valor medio.

Esta formulación del Grado de Resiliencia es una combinación convexa puesto que:

$$\forall i \in I: k_R[I_i] \geq 0 \tag{103}$$

$$\sum_{i=1}^{n} k_R[I_i] = 1 \tag{104}$$

Equivale por tanto al centroide de una serie de cargas [indicadores] situados en los puntos que representan sus *coeficientes de minoración de la resiliencia* global, y esta equivalencia nos permite hacer dos afirmaciones:

- *en cualquier sistema de cargas la máxima estabilidad se alcanza si el valor de todas las cargas [indicadores] es el mismo y están equidistantes [mismos coeficientes de minoración]*[200].
- *el método del centroide es una forma de agregación de funciones difusas,* y por tanto la formulación planteada es una medida del grado de pertenencia del sistema I a la clase *Resiliencia.*

Además, la validez de la formulación propuesta puede sustentarse desde varias teorías diferentes:

- Como agregación aritmética ponderada es la función típica de agregación de variables que informen de sistemas jerárquicos [Teoría Jerarquía].
- Como combinación convexa de un conjunto de probabilidades, es una medida del valor que poseen como mensaje [Teoría de la Comunicación][201]
- Como vector, puede considerarse una expresión de una rama en una *jerarquía difusa* [Lógica Difusa]
- Como ecuación, cumple la afirmación fundamental de que la aportación de cada variable al valor agregado depende del valor de las demás variables [Teoría de Sistemas][202]
- Como centro de gravedad, constituye una fórmula válida para la agregación de funciones de utilidad [Von Neumann-Morgenstern, 1944]

Por tanto, la formulación propuesta para el cálculo del valor agregado es aceptable desde la lógica difusa y cuatro marcos teóricos complementarios: Teoría de Sistemas, Teoría de la Jerarquía, Teoría de la Comunicación y Teoría de la Decisión.

---

[200] En cualquier situación en que todos los indicadores considerados sean igual de importantes, cualquier sistema tendrá mayor *resiliencia* si todos ellos tienen un valor similar [por ejemplo, el 50%], que si presentan valores extremos dos a dos [por ejemplo, la mitad el 100% y la mitad el 0%]; situación en la que el sistema será más vulnerable a impactos localizados que afecten a los indicadores con valores altos.

[201] McCarthy [1956:655] afirma que "cualquier combinación convexa de un conjunto de probabilidades será, en las circunstancias adecuadas, una medida del valor de la información contenida en dicho conjunto".

[202] Al estar la media aritmética en cada *coeficiente,* la influencia de cada indicador sobre el valor global depende del valor de todos los demás cumpliéndose las ecuaciones fundamentales de la TGS.

## A-VI.1.2     FORMULACIÓN COMO GRADO DE CERTIDUMBRE/NEGUENTROPÍA RELATIVA

Esta propuesta de formulación se va a sustentar en otros dos marcos de los revisados hasta ahora, que nos van a permitir acercarnos a la determinación del valor agregado utilizando dos fórmulas propuestas por la Teoría de la Comunicación, la Entropía y la Información Común:

- desde la **Teoría de la Complejidad**:
  - Al medir información común, puede ser considerado una medida del *grado en que la organización de un sistema I coincide con la óptima para su clase*.
  - Al utilizar la fórmula de la Entropía, podemos considerarlo una medida de *neguentropía relativa desde la insostenibilidad total o no-emergencia*.
- desde la **Teoría de la Probabilidad** entendiendo que el grado de sostenibilidad sea una medida de probabilidad subjetiva, es decir, del *grado de creencia en la veracidad de la afirmación 'el sistema I pertenece a la clase de los sistemas sostenibles', y considerando el Grado de Certidumbre como un indicador aproximado de Grado de Creencia*[203].

Supone considerar los valores de los indicadores una medida de la información común entre el sistema I y el concepto o estado sostenible 'S', y determinar por tanto *el máximo grado de certidumbre que podremos tener acerca de la sostenibilidad de I a partir de la información de I*.

El proceso va a requerir tres pasos:

PASO 1: CUANTIFICACIÓN DE LA INFORMACIÓN COMÚN ENTRE 'I' Y EL CONCEPTO 'SOSTENIBLE'

Partimos de la fórmula de la Información común que nos va a indicar la cantidad de conocimiento [o reglas] implícito en el concepto *Sostenibilidad* que podemos considerar presente en I:

$$I[I;s] = H[S] - H_s[I] \tag{105}$$

Siendo H[S] _ certeza máxima posible sobre S y $H_s[I]$_ incertidumbre sobre de I cuando S es conocido.

H[S] será la información total relevante para el concepto sostenible [equivale a que todos los indicadores tuvieran valor igual a 1], y constituye por tanto el valor máximo para $H_s[I]$.

$$\forall i: f_s[i] = 1 \ \rightarrow \ H[S] = H_s[I]_{max} = -\sum_{i=1}^{n} P_i * log_2 P_i \tag{106}$$

Siendo $p_i$ la asignación de probabilidades según la descomposición lógica de S, y cuyas reglas nos llevan a una situación de equiprobabilidad y n el número de indicadores de I[204].

$$\forall i \in I: p_i = \bar{p}_i \ \rightarrow \ H[S] = H_s[I]_{max} = -log_2 n \tag{107}$$

---

[203] Aunque certidumbre no es igual a creencia ni veracidad, cuando evaluamos nuestro grado de creencia en la veracidad de una afirmación lo importante va a ser la relación entre el concepto cuyo grado de verdad evaluamos y el término *certidumbre*. Y dado que medimos el grado de verdad del concepto Sostenibilidad, aparece una relación con el término certidumbre que nos permite aceptar esta casi-equivalencia [ver Alvira, 2014b]

[204] Aunque en algunas situaciones puede admitirse la no-equiprobabilidad, su carácter de excepción va a permitir que no las consideremos para hacer la explicación más sencilla. Para la formulación considerando indicadores no equiprobables, ver Alvira 2014a.

Y $H_s[I]$ será la Entropía Condicional que **mide la ignorancia o desconocimiento en cuanto al concepto** *Sostenibilidad* **y por ello no incorporamos los valores de los indicadores $f_s[I]$ sino sus complementarios $1-f_s[I]$, es decir**[205]:

$$H_s[I] = -\sum_{i=1}^{n}\left[1 - f_s[I_i]\right] * \left[-log_2 n\right] \tag{108}$$

Siendo $f_s[I]\_$ los valores de los indicadores de sostenibilidad.

Y podemos desarrollar la formula anterior como:

$$H_s[I] = log_2 n - \sum_{i=1}^{n} f_s[I_i] * \frac{1}{n} * log_2 n \tag{109}$$

Y al sustituir en la fórmula de la Información Común, tendremos que:

$$I[I;s] = -log_2 n + log_2 n - \sum_{i=1}^{n} f_s[I_i] * \frac{1}{n} * log_2 n \tag{110}$$

Anulándose el primer y segundo término, y quedando por tanto:

$$I[I;s] = -\sum_{i=1}^{n} f_s[I_i] * \frac{1}{n} * log_2 n \tag{111}$$

Y si dividimos entre el valor máximo de I[I;s] que coincide con H[S]=$log_2$n, entonces tendremos que el *Grado de información común* entre los indicadores elementales y el indicador agregado es igual a su media aritmética, es decir:

$$I[I;s]_{\%} = \frac{\sum_{i=1}^{n} f_s[I_i] * log_2 n}{n * log_2 n} = \overline{f_s[I_i]} \tag{112}$$

Sin embargo, agregar los valores de los indicadores implica introducir incertidumbre en la agregación; conocido el valor agregado nuestra *Incertidumbre* acerca del estado microscópico del sistema es mayor que si conocemos los valores de los indicadores elementales.

*El 'significado real' del valor agregado es más 'incierto'; al agregar los indicadores se incrementa la Entropía [incertidumbre] del valor global en un porcentaje que dependerá de los valores agregados y que vamos a calcular.*

---

[205] El motivo es que los valores de los indicadores expresan *conocimiento* [certidumbre] en relación al concepto *Sostenibilidad*, pero lo que queremos medir es su entropía [ignorancia o incertidumbre], y por ello en la formula usaremos los valores complementarios.

## PASO 2: CÁLCULO DEL INCREMENTO DE INCERTIDUMBRE EN LA AGREGACIÓN

Sabemos que la agregación de los indicadores en la mayoría de situaciones implica perdida de *Certidumbre* y existirán dos casos límites:

- Una situación de no incremento de incertidumbre, que se producirá si todos los indicadores tienen el mismo valor, y en consecuencia el valor agregado coincidirá con el de cada uno de los indicadores[206].

$$\forall i \in I, s: f_s[I_i] = k = \overline{f_s[I_i]} \leftrightarrow f_s[I] = k \tag{113}$$

- Una situación de elevado incremento de incertidumbre que se producirá si una mitad de los indicadores adopta el valor mínimo y la otra mitad el valor máximo de la distribución, alcanzando el valor agregado la máxima diferenciación posible con cada indicador individual para dicha distribución[207].

$$\begin{array}{c} \forall i \in I, s: f_s[I_i] = min[f_s[I_i]_{i=1}^n] \ \wedge \ f_s[I_{i+1}] = max[f_s[I_i]_{i=1}^n] \\ \vee \\ \forall i \in I, s: f_s[I_i] = max[f_s[I_i]_{i=1}^n] \ \wedge \ f_s[I_{i+1}] = min[f_s[I_i]_{i=1}^n] \end{array} \tag{114}$$

Y dentro de este segundo supuesto, el máximo incremento de incertidumbre posible se alcanzará si los valores *mínimo* y *máximo* de la distribución son 0 y 1 respectivamente.

$$\forall i \in I, s: f_s[I_i] = 0 \vee 1 \ \wedge \ f_s[I_{i+1}] = 1 - f_s[I_i] \tag{115}$$

Vamos a calcular la certidumbre $C_c[I]$ que podemos tener en un valor agregado I a la inversa de cómo hemos calculado la información global; es decir, *conocido el valor máximo agregado determinaremos la incertidumbre que introduce la distribución real de los valores de los indicadores*[208].

Esto lo podemos calcular como una medida de la información común de cada indicador [$I_i$] en relación al valor agregado [I], es decir:

$$C_c[I] = I_s[I; I_i] = -\sum_{i=1}^n p_i * f_s[I_i] * log_2 f_s[I_i] \tag{116}$$

Siendo $I_s[I; I_i]$ la información implícita en el concepto S que comparten I e $I_i$.

Y conocido I la máxima certeza en cuanto a los valores de $I_i$ se alcanzará cuando $f_s[I_i]$ sea igual al valor de la media aritmética de los indicadores, es decir:

$$\forall i \in I: f_s[I_i] = \overline{f_s[I_i]} \ \leftrightarrow \ I_s[I, I_i]_{max} = \overline{f_s[I_i]} * log_2 \overline{f_s[I_i]} \tag{117}$$

---

[206] Conocido el estado global del sistema, conocemos cada uno de sus valores microscópicos:

[207] Conocido el valor global, nuestra *ignorancia es máxima en relación a los valores que describen el estado microscópico* del objeto.

[208] Antes hemos calculado la información común entre el concepto S y el sistema I. Ahora queremos calcular la información común entre los indicadores $I_i$ y el valor agregado I; que nos informará de la incertidumbre introducida con la agregación.

Y esto quiere decir que la agregación de los indicadores del sistema, minora la certidumbre que podemos tener respecto a cada indicador en un porcentaje que será para cada indicador:

$$I_s[I;I_i]_{\%} = \frac{I_s[I;I_i]}{I_s[I;I_i]_{max}} = \frac{f_s[I_i] * log_2\, f_s[I_i]}{\overline{f_s[I_i]} * log_2\, \overline{f_s[I_i]}} \tag{118}$$

Y para el conjunto de los indicadores:

$$I_s[I]_{\%} = \sum_{I=1}^{N} I_s[I;I_i]_{\%} = \sum_{i=1}^{n} \frac{f_s[I_i] * log_2\, f_s[I_i]}{\overline{f_s[I_i]} * log_2\, \overline{f_s[I_i]}} \tag{119}$$

PASO 3: CALCULO DEL GRADO DE CERTIDUMBRE RESPECTO DEL VALOR AGREGADO

Y por tanto el *Grado de Certidumbre* en relación al valor agregado $C_c[I]_{\%}$ que podremos tener será:

$$C_c[I]_{\%} = I[I;s]_{\%} * I_s[I]_{\%} = \overline{f_s[I_t]} * \sum_{i=1}^{n} \frac{f_s[I_i] * log_2\, f_s[I_i]}{\overline{f_s[I_i]} * log_2\, \overline{f_s[I_t]}} \tag{120}$$

Y si consideramos que el *Grado de Certidumbre* sea equivalente al *Grado de sostenibilidad* de I, entonces tendremos que:

$$S_T[I] = \overline{S_T[I_i]} * \sum_{i=1}^{n} \frac{S_T[I_i] * log_2\, S_T[I_i]}{\overline{S_T[I_i]} * log_2\, \overline{S_T[I_i]}} \tag{121}$$

La comparación de los resultados obtenidos agregando los indicadores con las formulas *Grado de Resiliencia* y *Grado de Certidumbre* muestra un grado de coincidencia muy elevado[209] que nos permite afirmar que desde siete marcos teóricos diferentes hemos llegado a resultados prácticamente coincidentes, apuntando a la validez de ambas propuestas como fórmulas de agregación.

Sin embargo, estas dos formulaciones no permiten agregar indicadores que puedan implicar la total no-verdad [o valor cero] en el indicador agregado; incumplen el Ax.04 si existen indicadores cuyo valor cero implique la disolución del sistema.

Y para resolverlo vamos a acudir a las formulaciones que nos propone la Estadística.

---

[209] Ver A-VI.2       ANÁLISIS DE RESULTADOS DE LA AGREGACIÓN PARA LAS FORMULACIONES PROPUESTAS

## A-VI.1.3     FORMULACIONES COMO MEDIDA DE TENDENCIA CENTRAL

Existen tres marcos teóricos en los que nos vamos a poder apoyar para interpretar que el valor agregado sea una medida de *tendencia central*:

- Desde la **Lógica de Clases / Teoría de Conjuntos Difusos** las medias estadísticas son *formulaciones aceptables para la agregación de conjuntos difusos.*
- Desde la **Inferencia Estadística** equivalen a *medidas de posición de un conjunto de datos,* que podemos por tanto relacionar con la **Teoría de Sistemas**

Las *medidas de tendencia central* buscan *resumir* en un único parámetro la información contenida en un conjunto de datos, y dentro de ellas vamos a considerar las *medias estadísticas*[210].

En su forma general, las medias se presentan ponderadas, sin embargo hemos visto que las reglas de descomposición lógica obligan a los indicadores de cada subsistema tengan igual significación, llevándonos a las formulaciones sin ponderar [es decir, con igual ponderación]: Media Aritmética, Media Geométrica y Media Armónica

La **media aritmética** puede ser una formulación válida para la agregación de los indicadores, puesto que cumple todos los Axiomas siempre y cuando los indicadores solo puedan producir el valor cero en el nivel agregado si y solo si todos ellos valen cero [en caso contrario incumpliría el Ax. 04]:

Media Aritmética

$$S_T[I] = \sum_{i=1}^{n} f_s[I_i] \tag{122}$$

Sin embargo, la comparación con las otras formulaciones de agregación indica una ausencia de *sensibilidad* a la diferenciación entre los valores; cuando los valores de los indicadores se hacen extremos [unos indicadores tienen valores muy bajos y otros valores muy elevados] la media aritmética proporciona un resultado que no guarda relación con los proporcionados por otras formulaciones[211].

Las **medias geométrica y armónica** también pueden ser formulaciones válidas para la agregación de los indicadores, puesto que cumplen todos los Axiomas siempre y cuando cualquier indicador del sistema pueda implicar el valor cero en el nivel agregado [en caso contrario incumpliría el Ax.05].

Y las formulas sin ponderar serán las siguientes:

Media Geométrica

$$S_T[I] = \prod_{i=1}^{n} f_s[i]^{1/n} \tag{123}$$

Media Armónica

$$S_T[I] = \frac{n}{\sum_{i=1}^{n} \frac{1}{f_s[i]}} \tag{124}$$

---

[210] Existen otras dos medidas de tendencia central que son la Moda y la Mediana que no vamos a considerar puesto que no son medidas de *agregación* [y de hecho incumplen numerosos axiomas].

[211] La media aritmética debe ser considerada un caso particular que sirve para agregar los indicadores si y solo si todos ellos tienen el mismo valor, pero que en todos los casos puede ser considerado su límite superior [ver PROBABILIDAD DE LA UNIÓN DE DOS SUCESOS]

La comparación entre las medidas obtenidas para diversos ejemplos posibles de jerarquías, utilizando la Media Geométrica y Armónica y las dos anteriores [Grado de Resiliencia y Grado de Certidumbre] muestran una elevada similitud permitiendo considerar que desde otro *marco teórico* hemos vuelto a llegar a resultados prácticamente coincidentes.

Los resultados de la agregación solo dejan de coincidir progresivamente en el caso de que los indicadores reduzcan su valor por debajo de 0.15, lo cual es coherente con el hecho de que este tipo de indicadores puede producir la disolución del sistema.

Y dado que *estas dos formulaciones permiten resolver agregaciones en las que cada indicador sea capaz de producir el valor cero en el nivel agregado por sí solo*, **su utilización conjunta con las fórmulas anteriores nos permitirá agregar cualquier tipo de indicadores.**

### A-VI.2 *ANÁLISIS DE RESULTADOS DE LA AGREGACIÓN PARA LAS FORMULACIONES PROPUESTAS*

Vamos a revisar dos ejemplos de agregación de indicadores para determinar la validez de las formulaciones propuestas:

- En primer lugar, revisamos el valor agregado de un subconjunto con 5 indicadores.
- En segundo lugar comparamos el valor agregado obtenido para una jerarquía que implique varias agregaciones parciales de diferentes conjuntos de indicadores.

En ambos casos revisamos los resultados obtenidos para tres series de 11 valores cada una, que son las siguientes:

- Serie 01: los valores de los indicadores crecen o decrecen uniformemente, manteniendo la media aritmética constante
- Serie 02: los indicadores tienen valores aleatorios situados en el rango 0.15-0.85[212]
- Serie 03: los valores de los indicadores son monótonamente crecientes

Y utilizamos la función Grado de Resiliencia como base para la comparación de los resultados [desviación típica y correlación] que proporcionan las otras tres funciones revisadas para la agregación de las jerarquías: Grado de Certidumbre, Media Geométrica y Media Armónica[213].

---

[212] El rango de valores se ha limitado para reducir la distorsión introducida por las Media Geométrica y Media Armónica para valores cercanos a cero, y la función *Grado de Certidumbre* para valores iguales a 1

[213] Dado que la presente Teoría tiene como *objeto* fundamental un tipo de sistemas, vamos a considerar que la fórmula propuesta desde la Teoría de Sistemas constituya la base para la comparación.

## A-VI.2.1    VALOR AGREGADO DE UN SUBSISTEMA CON CINCO INDICADORES

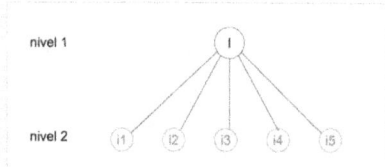

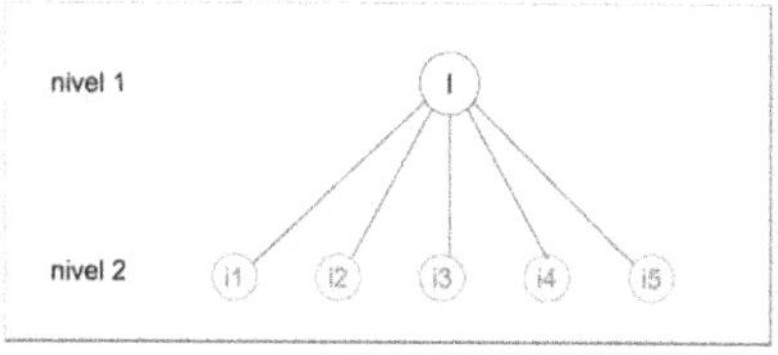

*Figura 41: Representación jerárquica de un subsistema con cinco indicadores*

Para este ejemplo revisamos además tres fórmulas de agregación -Mínimo [Min]; Media Aritmética [MA] y Máximo [Max]- obteniendo las siguientes gráficas:

### TABLA 20_REPRESENTACION GRAFICA DATOS

| VALORES INDICADORES | VARIACION VALOR AGREGADO |
|---|---|

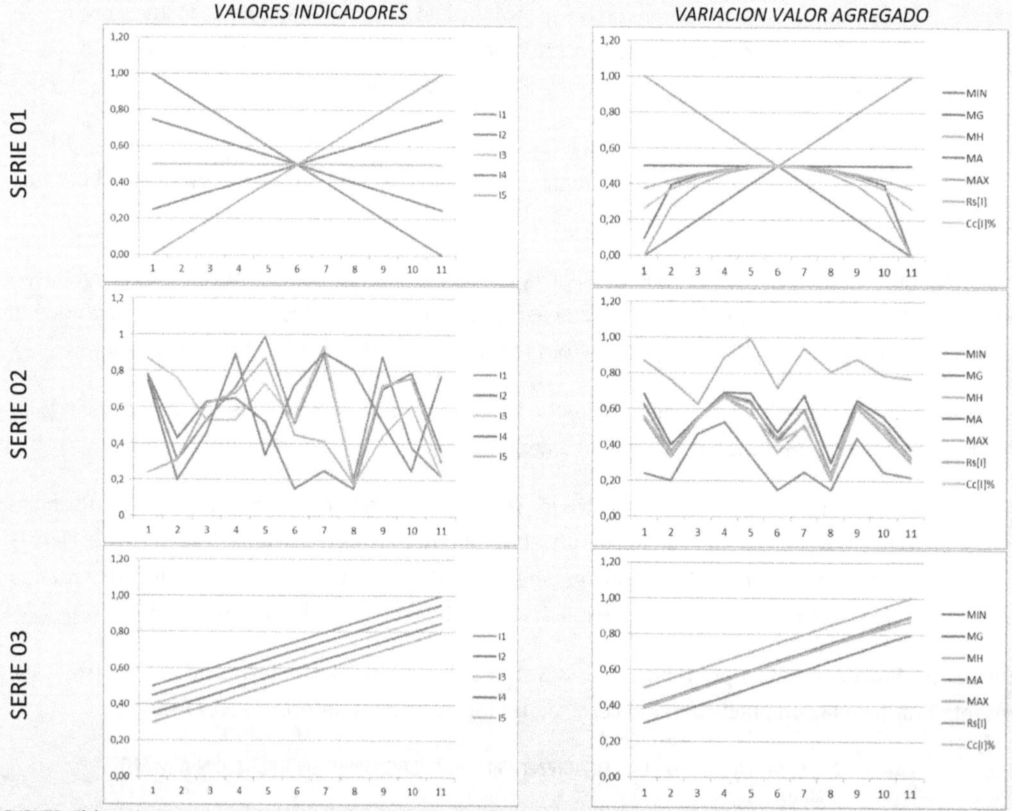

SERIE 01

SERIE 02

SERIE 03

FUENTE: Elaboracion propia. Las funciones revisadas son: MIN [minimo], MG [Media Geométrica]; MH [media armónica]; MA [media aritmetica]; MAX [maximo]; Rs% [Grado de resiliencia]; Cc% [Grado de Certidumbre].

Y los siguientes datos de correlaciones y desviación respecto del Grado de Resiliencia:

### TABLA 21_COVARIACIÓN DE LAS DIFERENTES FORMULACIONES EN RELACIÓN A Rs[I]$_\%$

| | SERIE 01 | | | SERIE 02 | | | SERIE 03 | | |
|---|---|---|---|---|---|---|---|---|---|
| | CORRELACIÓN | VARIANZA | DESVIACIÓN | CORRELACIÓN | VARIANZA | DESVIACIÓN | CORRELACIÓN | VARIANZA | DESVIACIÓN |
| MÍN | 96,32% | 4,64% | 21,54% | 71,19% | 5,67% | 23,81% | 100,00% | 0,90% | 9,50% |
| MG | 99,62% | 0,02% | 1,28% | 99,89% | 0,00% | 0,70% | 100,00% | 0,00% | 0,14% |
| MH | 99,56% | 0,53% | 7,27% | 97,80% | 0,27% | 5,15% | 100,00% | 0,00% | 0,40% |
| MA | 0,04% | 0,20% | 4,43% | 98,79% | 0,22% | 4,66% | 100,00% | 0,00% | 0,50% |
| MÁX | -96,32% | 9,07% | 30,12% | 50,28% | 11,36% | 33,70% | 100,00% | 1,10% | 10,50% |
| Cc[I]$_\%$ | 99,94% | 0,07% | 2,65% | 97,98% | 0,18% | 4,23% | 99,98% | 0,01% | 0,87% |

FUENTE: Elaboración propia. En la Serie 02, se ha utilizado un algoritmo que cambia los valores periódicamente.

Los datos de las tablas anteriores nos sirven para verificar qué funciones cumplen los Axiomas:

- Ninguna función satisface a un tiempo los Axiomas 04 [Insostenibilidad Total] y 05 [Sostenibilidad Total]
    - Media Aritmética, Máximo, Grado de Certidumbre $C_c[I]_\%$ y Grado de Resiliencia $Rs[I]_\%$, proporcionan un valor diferente a cero si algún indicador tiene valor diferente a cero.
    - Mínimo, Media Geométrica y Media Armónica proporcionan un valor agregado igual a cero si cualquier indicador vale cero.
    - El Grado de Certidumbre $C_c[I]_\%$ no diferencia entre valores de los indicadores 0 y 1, proporcionando un valor cero en ambos casos.
- Tres funciones no cumplen el Ax.07-Monotonicidad:
    - Mínimo; si el valor mínimo no se modifica, el valor agregado no se incrementa.
    - Máximo; si el valor máximo no se modifica el valor agregado no se incrementa.
    - Medias Geométrica y Armónica si algún indicador vale 0.

Los incumplimientos del Sistema de Axiomas por las funciones Grado de Resiliencia $Rs[I]_\%$, Media Aritmética, Media geométrica y Media armónica se pueden resolver simplemente eligiendo la función adecuada según el tipo de indicadores incluido en cada subsistema de agregación.

El incumplimiento del Sistema de Axiomas por la función Grado de Certidumbre no es resoluble, y tenemos que descartarla como función para la agregación de indicadores. Sin embargo, dado que el incumplimiento se limita a casos muy concretos la seguiremos incluyendo en las comparaciones.

Los incumplimientos de las funciones Mínimo y Máximo no son compatibles en ningún caso y las descartamos como formulaciones posibles de agregación.

En cuanto a la revisión de la covariación entre los resultados obtenidos según las diferentes formulaciones, podemos observar una covariación muy elevada entre las formulaciones Grado de Resiliencia $Rs[I]_\%$, Grado de Certidumbre $C_c[I]_\%$; Media geométrica y Media armónica; que permite sustentar su validez como formulaciones para el cálculo del Grado de Sostenibilidad [con la excepción de $C_c[I]_\%$].

Aunque la Media Aritmética podría cumplir el Sistema de Axiomas en determinadas circunstancias, presenta una correlación prácticamente cero con las formulaciones anteriores [ver serie 01]:

**TABLA 22_COVARIACIÓN DE LAS DIFERENTES FORMULACIONES EN RELACIÓN A MA[I]**

| | SERIE 01 | | | SERIE 02 | | | SERIE 03 | | |
|---|---|---|---|---|---|---|---|---|---|
| | CORRELACIÓN | VARIANZA | DESVIACIÓN | CORRELACIÓN | VARIANZA | DESVIACIÓN | CORRELACIÓN | VARIANZA | DESVIACIÓN |
| MG | 0,05% | 0,32% | 5,66% | 99,44% | 0,20% | 4,47% | 100,00% | 0,00% | 0,43% |
| MH | -0,01% | 1,36% | 11,67% | 97,76% | 0,80% | 8,94% | 100,00% | 0,01% | 0,86% |
| Rs[I] | 0,04% | 0,20% | 4,43% | 99,36% | 0,20% | 4,44% | 100,00% | 0,00% | 0,50% |
| Cc[I]$_\%$ | -0,02% | 0,50% | 7,07% | 97,78% | 0,55% | 7,41% | 99,98% | 0,02% | 1,28% |

FUENTE: Elaboración propia.

Por ello la descartamos como función válida para la agregación[214], y no la incluiremos en la siguiente comparación.

---

[214] Adicionalmente, pese a que en la presente teoría no hemos enunciado un axioma equivalente, la media aritmética incumple el Axioma 00 [No linealidad] de la Teoría Unificada de la Complejidad.

## A-VI.2.2      VALOR GLOBAL DE UNA JERARQUÍA CON VARIAS AGREGACIONES PARCIALES

Vamos a comparar el valor agregado que obtenemos para una jerarquía que implica varias agregaciones de indicadores en diferentes niveles, y representa un tipo de estructura con varios niveles y asimetrías, similar a las que podremos generar en nuestras descomposiciones de la sostenibilidad.

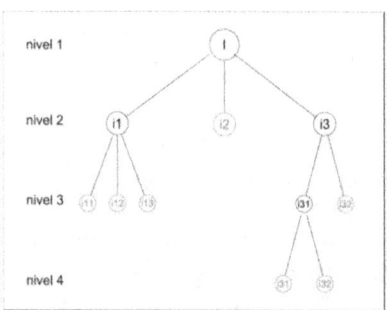

Figura 42: Ejemplo de jerarquía con varias agregaciones parciales *[en realidad es difícil que sea posible plantear en la modelización de sistemas reales indicadores elementales en un nivel tan elevado como I2, pero lo indicamos como un ejemplo posible]*

Por mayor sencillez de la comparación, limitamos la revisión a las cuatro formulaciones que hemos indicado en la revisión anterior, obteniendo las siguientes gráficas y datos de correlaciones:

### TABLA 23_ REPRESENTACION GRAFICA DATOS

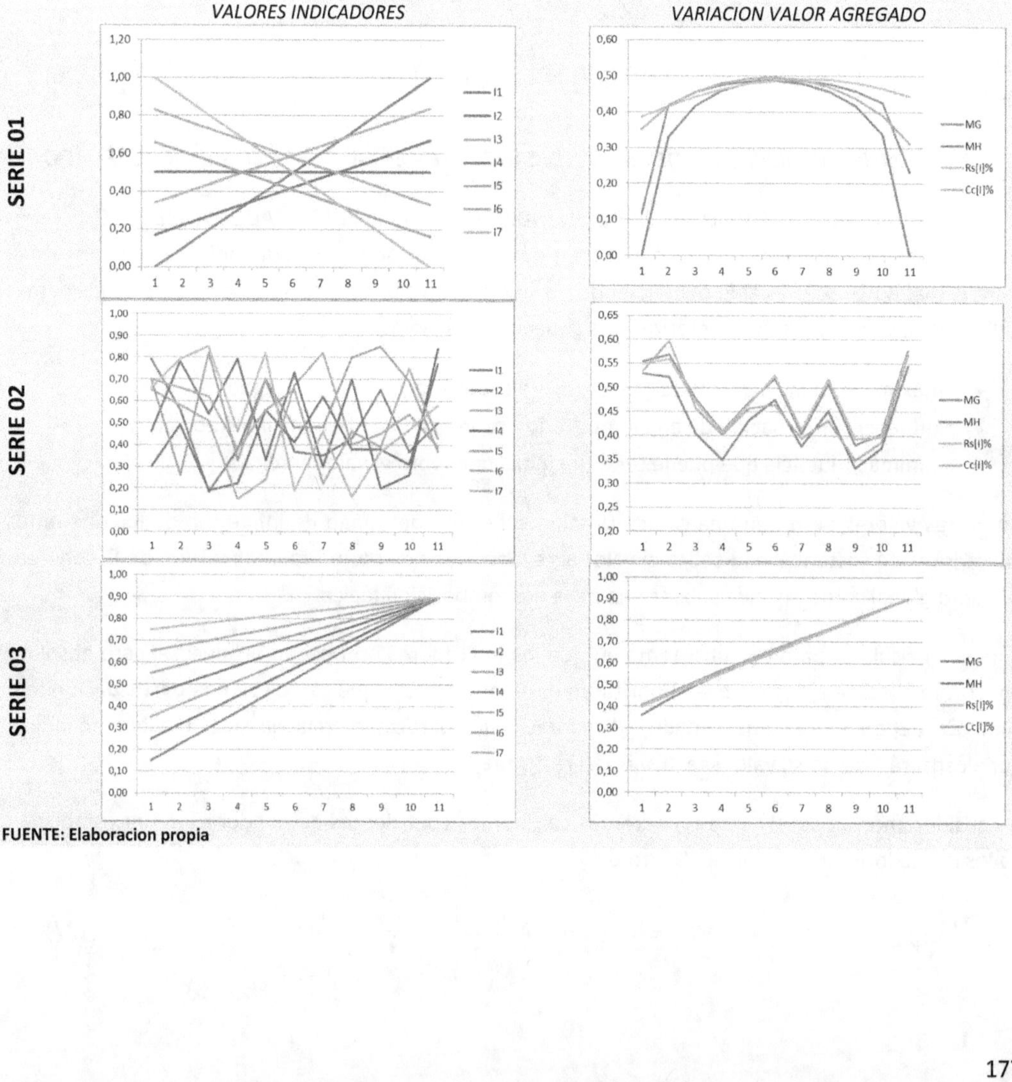

*VALORES INDICADORES*      *VARIACION VALOR AGREGADO*

FUENTE: Elaboracion propia

**TABLA 24_ COVARIACIÓN DE LAS DIFERENTES FORMULACIONES EN RELACIÓN A $R_s[I]_\%$**

| | SERIE 01 | | | SERIE 02 | | | SERIE 03 | | |
|---|---|---|---|---|---|---|---|---|---|
| | CORRELACIÓN | VARIANZA | DESVIACIÓN | CORRELACIÓN | VARIANZA | DESVIACIÓN | CORRELACIÓN | VARIANZA | DESVIACIÓN |
| MG | 79,73% | 0,03% | 1,72% | 99,50% | 0,01% | 0,75% | 99,97% | 0,01% | 1,09% |
| MH | 75,92% | 0,33% | 5,77% | 97,57% | 0,21% | 4,63% | 99,81% | 0,02% | 1,39% |
| Cc[I]% | 67,31% | 0,10% | 3,14% | 91,13% | 0,14% | 3,73% | 99,99% | 0,01% | 0,95% |

FUENTE: Elaboración propia

(1) Vemos que la Serie 01 vuelve a mostrar una correlación menor de los deseable entre Rs[I]% y el resto de funciones, pero se corrige para las otras dos series, restándole importancia dado la 'singularidad' de la Serie 01.

La revisión de los datos, sigue mostrando correlaciones elevadas y desviación reducida de la función $R_s[I]_\%$ con las otras tres funciones revisadas, apuntando a la validez de los resultados obtenidos.

El hecho comentado antes de que, en situaciones muy determinadas, la función $C_c[I]_\%$ incumpla los Ax.04/05, hace que debamos descartarla como función válida para la agregación; solamente las otras tres funciones puedan ser utilizadas para la agregación de los indicadores de sostenibilidad.

*Y el mayor parecido nos lleva a preferir la Media Geométrica a la Media Armónica, de manera que* **las dos funciones que consideraremos para la agregación de indicadores de sostenibilidad serán:**

Centroide
$$S_T[I] = \sum_{i=1}^{n} S_T[I_i] * \left[1 + \overline{S_T[I]} - S_T[I_i]\right] \qquad (125)$$

Media Geo-métrica
$$S_T[I] = \prod_{i=1}^{n} S_T[I_i]^{1/n} \qquad (126)$$

### A-VI.3  ANÁLISIS PARTICIPACIÓN DE CADA INDICADOR ELEMENTAL SOBRE EL VALOR AGREGADO

A-VI.3.1      RANGO DE INFLUENCIA DE UN INDICADOR SOBRE EL INDICADOR AGREGADO

Las fórmulas de agregación propuestas hacen que la participación de cada indicador en relación al valor global de 'S' sea variable dependiendo no solo de su valor sino también del valor de los demás indicadores, y nos interesa caracterizar tres situaciones posibles:

- máxima influencia que puede tener un indicador sobre el valor agregado
- influencia en situación de equilibrio [todos los indicadores tienen el mismo valor]
- mínima influencia que puede tener un indicador sobre el valor agregado

Estos tres valores permiten una caracterización suficiente del rango de influencia de los diferentes indicadores de sostenibilidad sobre el valor agregado, que nos permitirá una revisión de la coherencia tanto global como en cada subsistema de la descomposición lógica.

Vamos a calcularlo para un subsistema en que los indicadores no puedan producir el cero absoluto por sí solos; y cuya agregación será por tanto de tipo *centroide*, que establece una **participación máxima** que depende del número 'n' de indicadores $I_{ki}$ que participen en la agregación, y que un indicador alcanzará cuando su valor sea '0' y el del resto sea '1'.

Si consideramos un subsistema $I_k$ podremos calcular los coeficientes de ponderación por estabilidad de los indicadores cuyo valor sea '1'como:

$$\forall I_{k_i} = 1: K_{e_i} = 1 + \frac{n-1}{n} - 1 = \frac{n-1}{n} \qquad (127)$$

Y por tanto el valor agregado del subsistema será:

$$I_k = \left[\frac{n-1}{n}\right] * \left[\frac{n-1}{n}\right] = \frac{[n-1]^2}{n^2} \tag{128}$$

Y la cuota de participación $C_\%[I_i]$ del indicador con valor igual a cero [o participación máxima sobre el valor agregado] será el valor complementario del indicador agregado, es decir:

$$I_{k_i} = 0 \rightarrow C_\%[I_i]_{max} = 1 - \frac{[n-1]^2}{n^2} \tag{129}$$

Y a su vez establece una **participación mínima** que podremos calcular a la inversa, para un indicador cuyo valor sea '1' mientras que todos los demás indicadores tengan valor igual a '0', y por tanto:

$$I_{k_i} = 1 : K_{e_i} = 1 + \frac{1}{n} - 1 = \frac{1}{n} \tag{130}$$

Y el valor agregado del subsistema será:

$$I_k = \frac{1}{n} * \frac{1}{n} = \frac{1}{n^2} \tag{131}$$

Y consecuentemente la cuota de participación $C_\%[I_i]$ del indicador con valor igual a uno [o participación mínima sobre el valor agregado] será el valor del indicador agregado, es decir:

$$C_\%[I_i]_{min} = \frac{1}{n^2} \tag{132}$$

La **participación en situación de equilibrio** se podrá determinar mediante la fórmula:

$$C_\%[I_i]_{eq} = \frac{1}{n} \tag{133}$$

Las formulas anteriores nos permiten determinar el rango de participación sobre el valor agregado de los indicadores de un subsistema en función de su número 'n':

TABLA 25_ RANGO POSIBLE DE PARTICIPACIÓN DE UN INDICADOR $I_i$ SOBRE EL RESULTADO GLOBAL

| Nº Indicadores | Límite máximo $I_i=0$ | Equilibrio $I_i=I/n$ | Límite Mínimo $I_i=1$ |
|---|---|---|---|
| 2 indicadores | 75,00% | 50,00% | 25,00% |
| 3 indicadores | 55,56% | 33,33% | 11,11% |
| 4 indicadores | 43,75% | 25,00% | 6,25% |
| 5 indicadores | 36,00% | 20,00% | 4,00% |
| 6 indicadores | 30,56% | 16,67% | 2,78% |
| 7 indicadores | 26,53% | 14,29% | 2,04% |
| 8 indicadores | 23,44% | 12,50% | 1,56% |
| 9 indicadores | 20,99% | 11,11% | 1,23% |
| 10 indicadores | 19,00% | 10,00% | 1,00% |

FUENTE: Elaboración propia. Proponemos 10 como número máximo de indicadores en cada subsistema de la descomposición lógica [siguiendo la sugerencia de Miller, 1951]

Si los **indicadores pueden implicar el valor cero del nivel agregado** $I_k=0$ por sí solos, la cuota de participación máxima será el 100% y la mínima el 0% independientemente de 'n'.

Sin embargo, en una mayoría de situaciones, el valor de los indicadores será superior a 0.15, y en estos casos la elevada correlación entre las formulaciones permite considerar que también este tipo de indicadores estará teniendo una *influencia* sobre el valor agregado similar a la calculada para la agregación tipo centroide, que nos permitirá establecer la *participación habitual* de los indicadores con las reglas proporcionadas para la primera situación.

Y podremos calcular el rango de influencia del indicador sobre el valor global, simplemente repitiendo el proceso a través de los diferentes niveles de la jerarquía:

- Para la participación en situación de equilibrio, bastará con multiplicar la participación en cada nivel hasta llegar al nivel global.
- Para los valores de participación máxima y mínima, tendremos que iterar el proceso explicado anteriormente hasta el nivel global.

Complementariamente, podemos tener una "idea rápida" de la participación de un indicador sobre el valor global en cada momento sabiendo que estará en los siguientes rangos:

- Si el indicador tiene un valor similar a la media aritmética, su rango de participación se sitúa en torno a su valor de equilibrio.
- Si el indicador tiene valor superior a la media, su participación se sitúa en el rango comprendido entre el valor de equilibrio y su mínimo.
- Si el indicador tiene valor inferior a la media, su participación se sitúa en el rango comprendido entre el valor de equilibrio y su máximo.

## A-VI.3.2    SOSTENIBILIDAD MARGINAL DECRECIENTE DE LOS INDICADORES

Lo anterior nos permite observar que el incremento del valor agregado I que produce un incremento constante de cualquier indicador elemental $I_i$ [si los valores de los demás indicadores permanecen constantes] es menor a medida que aumenta su valor:

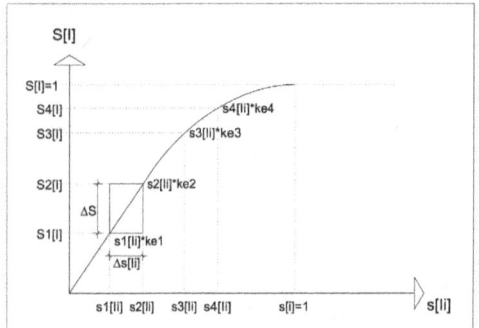

Figura 43: Sostenibilidad marginal decreciente de los indicadores de sostenibilidad. *Incremento del valor agregado S[I] que produce un mismo incremento del valor de un indicador S[Ii].*

A esto lo vamos a llamar *Principio de sostenibilidad marginal decreciente* y se deriva del hecho de que el incremento del valor del indicador reduce su coeficiente de ponderación por estabilidad:

$$S_2[I_i] > S_1[I_i] \leftrightarrow k_{e_2} < k_{e_1} \qquad (134)$$

Y la *sostenibilidad marginal* será:

$$SM = \frac{\Delta S[I]}{\Delta S[I_i]} = \frac{S_2[I_i] * ke_2[i] - S_1[I_i] * ke_1[i]}{S_2[I_i] - S_1[I_i]} \qquad (135)$$

Siendo SM_ sostenibilidad marginal

Si descomponemos $K_{ei}$ en dos partes; una que sea constante [1+la media aritmética de todos los indicadores excepto el que estamos revisando] + otra que sea variable [que será el indicador revisado dividido entre n + el indicador revisado], resultará:

$$ke_T[i] = \left[1 + \overline{S[I]} - S_2[I_i]\right] = k + \frac{S_2[I_i]}{n} - S_2[I_i] \qquad (136)$$

Y si sustituimos los coeficientes de ponderación obtenemos:

$$SM = \frac{S_2[I_i] * \left[k + \frac{S_2[I_i]}{n} - S_2[I_i]\right] - S_1[I_i] * \left[k + \frac{S_1[I_i]}{n} - S_1[I_i]\right]}{S_2[I_i] - S_1[I_i]} \qquad (137)$$

Y dado que S2>S1 tendremos que:

$$S_2[I_i] > S_1[I_i] \rightarrow \frac{S_2[I_i]}{n} - S_2[I_i] < \frac{S_1[I_i]}{n} - S_1[I_i] \rightarrow \qquad (138)$$

Que podemos expresar como:

$$\frac{S_2[I_i] - n * S_2[I_i]}{n} < \frac{S_1[I_i] - n * S_1[I_i]}{n} \rightarrow [1 - n] * S_2[I_i] < [1 - n] * S_1[I_i] \qquad (139)$$

Y dado que n es mayor que 1, entonces:

$$-[n - 1] * S_2[I_i] < -[n - 1] * S_1[I_i] \leftrightarrow -S_2[I_i] < -S_1[I_i] \leftrightarrow S_2[I_i] > S_1[I_i] \qquad (140)$$

Se confirma por tanto la contribución marginal decreciente de cada indicador a la sostenibilidad global del sistema:

$$S_2[I_i] > S_1[I_i] \rightarrow SM < 1 \qquad (141)$$

## ANEXO VII    DESARROLLO SOSTENIBLE COMO INCREMENTO DE SOSTENIBILIDAD

Hemos propuesto evaluar la sostenibilidad del desarrollo de los sistemas como su variación de sostenibilidad entre dos momentos temporales, y surge una cuestión importante; no significa lo mismo para un sistema pasar de 0.20 a 0.40 que hacerlo de 0.80 a 1.00[215].

Vamos a revisarlo, proponiendo dos formulaciones diferentes para medir la variación de sostenibilidad: como agregación de funciones de pertenencia y como variación de utilidad.

### A-VII.1 APROXIMACIÓN LÓGICA: AGREGACIÓN DE FUNCIONES DE PERTENENCIA

Supone considerar $S_T[I]$ como función de pertenencia del sistema I al conjunto S, y valorar su variación intertemporal como una agregación de funciones de pertenencia; considerando $S_T[I]$ como un indicador global cuya agregación deberá hacerse mediante la fórmula del centroide:

$$\Delta S_{1 \to 2}[I] = S_2[I] * K_{e_2}[I] - S_1[I] * K_{e_1}[I] \tag{142}$$

### A-VII.2_APROXIMACIÓN DESDE LA TEORÍA DE LA UTILIDAD: COMPARACIÓN DE LA UTILIDAD TOTAL ENTRE DOS ESTADOS DE UN SISTEMA

Supone considerar $S_T[I]$ una función que cuantifica la utilidad total que un estado del sistema implica para dicho sistema, y cuya variación intertemporal deba ser calculada valorando la marginalidad decreciente de los incrementos de utilidad:

$$\Delta S_{1 \to 2}[I] = \big[S_2[I] - S_1[I]\big] * SM_{1 \to 2} \tag{143}$$

Siendo $SM_{1 \to 2}$ la *sostenibilidad marginal* entre 1 y 2.

Y si sustituimos el término tendremos que:

$$\Delta S_{1 \to 2}[I] = [S_2[I] - S_1[I]] * \frac{S_2[I] * k_{e1} - S_1[I] * k_{e2}}{S_2[I] - S_1[I]} \tag{144}$$

Que podemos simplificar obteniendo la fórmula:

$$\Delta S_{1 \to 2}[I] = S_2[I] * k_{e2} - S_1[I] * k_{e1} \tag{145}$$

Llegamos pues a una coincidencia con el planteamiento anterior.

---

[215] En términos cuantitativos la medición del desarrollo sostenible se halla implícita en la variación del Grado de Sostenibilidad; no necesitamos calcular ninguna otra medida. Pero en términos cualitativos, cuando necesitemos comparar situaciones diferentes para tomar una decisión, deberemos establecer una formulación que permita tener en cuenta lo anterior.

## ANEXO VIII    TOMA DE DECISIONES

### *A-VIII.1 LA TOMA DE DECISIONES RACIONALES: MAXIMIZACIÓN DE LA UTILIDAD ESPERADA*

La Teoría de la Decisión tiene gran importancia para entender a los SA como sistemas que están continuamente tomando decisiones. La mayoría de sus acciones permite más de un curso de acción y el sistema debe elegir entre ellos. **Prácticamente cada vez que un SA realiza una acción lo hace después de tomar una decisión.**

Esta toma de decisiones se realiza siguiendo un proceso sencillo. Antes de elegir un curso de acción, el SA valora la *utilidad* que obtendría de cada una de las opciones posibles, las ordena de acuerdo a dicha utilidad, y elige la opción [o combinación de opciones] que mayor utilidad le proporciona. A este proceso se le llama **maximización de la utilidad y es la primera condición para que consideremos que un SA toma decisiones *racionales*[216].**

*El concepto de Utilidad adquiere gran importancia* y podemos definirlo de manera sencilla como la *cualidad de los objetos o cursos de acción de ser aprovechados o servir para algún fin. Por tanto, la Utilidad no es una propiedad o consecuencia universal de los objetos y cursos de acción, sino de éstos en relación a un 'decisor' determinado[217],* y constituye el parámetro de decisión óptimo para dicho decisor porque permite transformar las cualidades de las diferentes opciones posibles en el *valor* que el decisor puede obtener de cada una de ellas.

Y añadimos una segunda condición para considerar racional una decisión. **Debe poder asignar utilidad a las diferentes opciones mediante funciones matemáticas basadas en criterios racionales** que describan el estado futuro esperado del sistema en términos de utilidad; i.e.: en una medida de su *deseabilidad racional* por parte del sistema que decide.

Asignar *valor o utilidad* a diferentes opciones basándonos en criterios racionales para una clase de SA nos permite determinar su *grado de preferencia racional* respecto a dichas opciones y ordenarlas para decidir *racionalmente* entre ellas, es decir, escoger la *más útil.*

Las decisiones que toman los SA pueden referirse a su situación inmediata, pero numerosos SA poseen teleología; son capaces de prever estados deseados y *planificar* cursos de acción para alcanzarlos, y esto vinculará su *evolución* con su sostenibilidad. **Un SA sostenible requiere una teleología que lo dirija hacia su sostenibilidad.**

La mayor o menor sostenibilidad del estado futuro de un sistema dependerá de su capacidad de tomar decisiones adecuadas que le dirijan hacia estados óptimos, y la condición de racionalidad proporcionará la mayor probabilidad de acertar con las decisiones.

Y dado que S se refiere al *grado de deseabilidad racional de cada estado posible de cada sistema,* podemos afirmar que **S será la función de utilidad óptima para la toma de decisiones de los SA.**

---

[216] "un comportamiento racional es simplemente un comportamiento de acuerdo a algún ordenamiento de las opciones en términos de su deseabilidad relativa" [Arrow, 1951:406]

[217] Por ejemplo, la utilidad del dinero es en general elevada para una persona pero inexistente para un cangrejo de rio.

## A-VIII.1.1    EL GRADO DE SOSTENIBILIDAD COMO UNA FUNCIÓN DE UTILIDAD

Una función de utilidad 'u' es una formulación que nos permite calcular la utilidad que un decisor obtiene de cada opción dentro de un conjunto de opciones posibles, equivalente a su grado de preferencia racional por dicha opción, es decir:

$$u_a \leq u_b \Leftrightarrow a \preccurlyeq b \tag{146}$$

Siendo a y b dos cursos de acción posibles, y $\preccurlyeq$ la relación de *preferencia racional*

El Grado de Sostenibilidad mide el grado en que el estado de un sistema es óptimo, y por tanto puede ser considerado una medida de grado de preferencia racional; *si un estado de un sistema posee un grado de sostenibilidad mayor que otro entonces ese estado es 'mejor' para el sistema, y necesariamente será más racionalmente preferido*[218].

$$\forall I_1, I_2 \in I : S_T[I_1] < S_T[I_2] \leftrightarrow I_1 \prec I_2 \tag{147}$$

Siendo $I_1$ e $I_2$ dos estados posibles de un sistema I

Y esto quiere decir que cualquier problema de decisión se podrá resolver eligiendo el estado $I_i$ que tenga mayor Grado de Sostenibilidad para el sistema I. **El parámetro de Grado de Sostenibilidad $S_T[I]$ constituye la mejor función de utilidad posible para la toma de decisiones de un SA,** satisfaciendo las cuatro condiciones matemáticas que se exige a las funciones de utilidad[219]:

- Proporciona un *orden de preferencia* en relación a posibles cursos de acción para un sistema I; si $S_T[I_1] < S_T[I_2]$ entonces $I_2$ es más deseado que $I_1$ [y por tanto será la *opción preferida*].

$$\forall I_1, I_2 \in \Omega : S_T[I_1] < S_T[I_2] \leftrightarrow I_1 \prec I_2 \tag{148}$$

  Además, proporciona un valor para cada $I_i$ posible: si un sistema I tiene dos estados $I_1$ e $I_2$ posibles, o $I_1$ es preferido, o $I_2$ es preferido o ambas situaciones son igual de preferidas.
- Es transitiva: Si $I_2$ es preferido a $I_1$, e $I_3$ es preferido a $I_2$, entonces $I_3$ es preferido a $I_1$
- Es continua, proporcionando un valor en el rango 0-1
- Es independiente de opciones no evaluadas: si un estado $I_2$ es preferido a un estado $I_1$, la aparición de otro posible estado $I_3$ no altera el orden de preferencia entre $I_2$ e $I_1$.

Complementariamente el *Grado de Sostenibilidad* cumple el *Principio de Utilidad Marginal Decreciente*; valora que la utilidad que se obtiene con una unidad de *algo* depende de la cantidad de ese *algo* que ya tengamos y se reduce cuanto mayor sea dicha cantidad[220].

En términos sistémicos podemos expresarlo como que *los incrementos de utilidad dependen de las condiciones iniciales del sistema*, y esto indica que **para un mismo *esfuerzo* el incremento de sostenibilidad global será mayor si dicho esfuerzo se aplica en las cuestiones en que el sistema tenga menor sostenibilidad;** es decir, en aquellas cuyos indicadores presenten menor valor.

---

[218] Llegamos a conceptualizar un 'decisor racional' como *aquel que toma decisiones buscando acercarse lo más posible a su estado óptimo*

[219] Compilación [con ligera adaptación] a partir de Von Neumann Morgenstern [1944] y Binmore [1994].

[220] El *Principio de Utilidad Marginal Decreciente* [Bernoulli, 1738] afirma que: "en ausencia de circunstancias 'inusuales', la utilidad obtenida de cualquier incremento en riqueza será inversamente proporcional a la cantidad de bienes que se poseía previamente".

## A-VIII.1.2     UTILIDAD COMO 'UTILIDAD ESPERADA'

Es importante indicar que cualquier valoración de utilidad sobre un conjunto de opciones es en esencia una predicción de un evento futuro, y ya hemos visto que siempre existe cierta incertidumbre en las predicciones. *Podemos 'esperar' lo que va a suceder, pero no 'saberlo con total seguridad'.*

Cuando un SA tome una decisión, lo hará en base a la utilidad que *espera* obtener de un curso de acción determinado, y deberemos aludir a la **utilidad esperada** de diferentes *cursos de acción*.

Por ello, cualquier decisión se deberá basar tanto en cuestiones objetivas [lo que sabemos] como en supuestos o creencias [lo que consideramos probable para lo que no sabemos], ponderando la utilidad que comporta cada opción por la medida de su probabilidad –subjetiva y objetiva-[221]; la que le asigna el decisor con la información de que dispone.

Y es importante indicar que **el parámetro 'S' es interpretable como una función de utilidad esperada,** *puesto que los indicadores pueden ser considerados medidas parciales de utilidad [Goguen, 1967], mientras que su estructuración jerárquica implica una asignación de probabilidades*[222]*,* y lo podremos relacionar con las dos ramas de la *Teoría de la Decisión*:

- La *maximización de la utilidad esperada* de la Teoría de la Decisión [Bernoulli, 1738]
- Las *estrategias mixtas en interacciones entre SA* de la Teoría de los juegos [Nash, 1950]

Adicionalmente, es interesante que Von Neumann-Morgenstern [1944] afirman que las funciones de utilidad son medidas de posición, y que por tanto no se deben sumar, sino agregarse como *centros de gravedad*, en otra coincidencia con las formulaciones propuestas en la presente teoría.

### A-VIII.2 LAS DECISIONES EN LOS SSE

## A-VIII.2.1     DECISIONES COLECTIVAS: UTILIDAD COLECTIVA VERSUS UTILIDAD INDIVIDUAL

Las decisiones en los SSE se diferencian de otro tipo de sistemas ecológicos porque combinan dos tipos de niveles de decisión[223]:

- Un nivel global en el cual el SSE toma decisiones *colectivamente* [y que aproximadamente coincide con lo que denominamos *gobernanza*]
- Un nivel individual en el que cada integrante del SSE tiene capacidad de actuación autónoma.

Esta especificidad de los SSE posibilita que se produzcan situaciones de conflicto en las que el criterio de maximización de la utilidad [*racionalidad*] lleva a diferente preferencia individuo/colectivo; *frecuentemente la opción que proporciona la máxima utilidad al individuo y al SSE no coinciden.*

---

[221] Interesantemente esto nos acerca a la paradoja de que la toma de decisiones racionales requerirá incorporar *creencias subjetivas*; combinando utilidad y probabilidad, algo propuesto por Bernoulli [1738] y formalizado por Savage [1954] en forma de una Teoría para decisiones que maximicen la *Utilidad Subjetiva Esperada.*

[222] No obstante, aunque la descomposición lógica de S constituye una estructura en la que se multiplican utilidades por probabilidades [y por tanto S constituye una función de 'utilidad esperada'] en ciertas ocasiones puede ser conveniente establecer probabilidades complementarias. Por ejemplo, al evaluar transformaciones intencionadas de un sistema, puede ser necesario establecer un sistema complementario de probabilidades que evalúe la probabilidad de éxito de cada transformación [relacionada con su viabilidad], acercándonos así a las Estrategias mixtas de la Teoría de los Juegos [Nash, 1950] o al modelo de Maximización de la Utilidad Esperada [Savage, 1954].

[223] En la mayoría de ecosistemas naturales suele darse uno de ambos niveles pero no ambos a la vez.

Este conflicto requerirá establecer numerosos acuerdos *individuo-colectivo* [leyes][224] y desde la perspectiva de toma de decisiones algunas propuestas han sido realizadas –fundamentalmente agrupadas bajo las denominaciones de *Teorías de la Elección Publica y de la Elección Social-*, que vamos a revisar desde la perspectiva de sostenibilidad. *La sostenibilidad de los SSE se refiere al grado en que el estado del sistema en su conjunto sea óptimo,* que casi nunca coincidirá con el estado que sería óptimo para cada uno de sus integrantes. *Desde la perspectiva de sostenibilidad las decisiones colectivas de los SSE no tienen como objetivo maximizar la utilidad individual de sus integrantes, sino la utilidad colectiva del conjunto del SSE.*

Las decisiones en los SSE deben buscar alcanzar los estados de mayor utilidad colectiva posible, que implicarán elevados niveles de utilidad individual, pero nunca coincidirán con los de máxima utilidad individual posible para cada individuo. **La situación de máxima utilidad del SSE implicará restricciones al máximo de utilidad que cada individuo pueda aspirar;** *aquel valor a partir del cual el incremento de la utilidad de un individuo requiera reducir la utilidad del conjunto[225].*

Sin embargo, el parámetro S debe contabilizar todas las variables relevantes para la sostenibilidad de los SSE [utilidad colectiva] y su deseabilidad por parte de sus integrantes [utilidad individual] es una de ellas. *La descomposición lógica de la sostenibilidad de los SSE debe contabilizar tanto su utilidad colectiva como individual:*

- En los aspectos donde no exista conflicto, el criterio de decisión siempre deberá ser obtener la máxima utilidad posible.
- En los aspectos en los que la máxima utilidad individual/colectiva posible no coincidan, la utilidad colectiva deberá ser considerada el límite superior.

La utilidad individual debe condicionarse siempre a la maximización de la utilidad colectiva, pero a la vez la determina en parte. **Cualquier reducción de utilidad individual que no incremente la utilidad colectiva implica alejar el sistema de su estado óptimo** y evaluar correctamente ambos tipos de utilidad y situaciones es fundamental para que S sea la mejor función de utilidad posible para un SSE.

El Grado de Sostenibilidad será por tanto una función válida para la toma de decisiones colectivas contabilizando tanto la utilidad colectiva total como el grado de deseabilidad racional del SSE, y *una teoría de la decisión para la sostenibilidad de los SSE se podrá resumir en una única afirmación,* **un SSE deberá siempre elegir la opción que le proporcione mayor Grado de Sostenibilidad:**

AX. 01
$$S[I_1] \geq S[I_2] \rightarrow I_1 \succcurlyeq I_2 \tag{149}$$

Aunque hemos mencionado que S puede ser utilizado como parámetro de utilidad en el marco tanto de la Teoría de los Juegos como de la Decisión, en el presente texto solo revisaremos la segunda[226].

---

[224] Prácticamente cualquier Ley puede ser interpretada en este sentido, puesto que si la máxima utilidad individual y colectiva coinciden, no suele ser necesaria ninguna Ley. En dichos aspectos, el sistema se autorregula.

[225] Esta afirmación subyace la redacción de la mayoría de las leyes, y puede ser entendida/modelizada como otra condición de 'contención'.

[226] Para una revisión desde la Teoría de los Juegos, ver Alvira, 2017a. Capítulo 2 y Anexo III

A- VIII.2.2      MAXIMIZACIÓN DE LA UTILIDAD ESPERADA: ANÁLISIS MULTICRITERIO

El parámetro 'S' va a poder ser utilizado como una función de utilidad colectiva para la toma de decisiones en los SSE, pero para ello será necesario resolver dos cuestiones:

La primera es que **un valor de S puede corresponder a diferentes estados de un sistema**[227], y esto va a obligar a revisar no solo la variación del valor global sino también la de otros indicadores en niveles inferiores de la jerarquía, para evitar que una aparente mejora global esconda un empeoramiento en ciertas áreas. *La toma de decisiones requerirá el análisis multivariable.*

La segunda es que **para muchos indicadores no es posible compensar un incremento de uno con una reducción de otro**[228], y solo podremos estar seguros de que un estado 2 es mejor que otro 1 si todos los valores de los indicadores son iguales o mayores en el estado 2:

$$\forall S[I_i] \in S[I]: S_2[I_i] \geq S_1[I_i] \leftrightarrow I_2 \succcurlyeq I_2 \qquad (150)$$

Esto se denomina criterio de *mejora de Pareto* que nos lleva a elegir: "la alternativa [...] para la cual no exista otra que mejore alguno de sus atributos sin empeorar al menos otro de los atributos" [Vitoriano, 2007].

Sin embargo, aplicar el Criterio de mejora de Pareto en sentido estricto podría imposibilitar transformaciones interesantes, no siendo además necesario ya que:

- Casi todos los modelos incluyen algunos indicadores relativamente equivalentes [el incremento de un indicador puede compensar cierta reducción en el valor de otro, implicando un estado global similar del sistema].
- La marginalidad decreciente de la sostenibilidad implica que:
  - o  las reducciones del valor de indicadores que presentan valores muy elevados [≥0,85] tienen poca repercusión sobre el sistema; casi siempre son aceptables si el grado de sostenibilidad global del sistema se incrementa.
  - o  una reducción x de un indicador con un valor elevado reducirá menos la sostenibilidad global del sistema de lo que la incrementa el mismo incremento x del valor de un indicador que tenía un valor reducido.

El criterio de Pareto debe aplicarse con mayor rigor en aquellos indicadores cuyo valor en el estado 2 sea reducido, pero podrá flexibilizarse si dicho valor es elevado, pudiendo establecer las siguientes reglas orientativas:

- *Cuando la reducción de un indicador pueda ser compensada por el incremento de otros indicadores,* impondremos una condición 'débil' de Pareto, que será:

$$\forall S[I_i] \in S[I]: S_2[I_i] \geq 0,5 \ \vee \ S_2[I_i] \geq 0 \qquad (151)$$

---

[227] Ver 4.3 FORMULACIÓN DEL DESARROLLO SOSTENIBLE: INCREMENTO DE SOSTENIBILIDAD

[228] Puesto que miden/significan cosas diferentes, y en palabras sencillas puede ser equivalente a "comparar peras con manzanas".

- *Cuando la reducción de un indicador no pueda ser compensada por el incremento de otros indicadores*, impondremos una condición 'fuerte' de Pareto, que será:

$$\forall S[I_i] \in S[I]: S_2[I_i] \geq 0,85 \ \lor \ S_2[I_i] \geq 0 \tag{152}$$

En general, cada modelo deberá identificar los indicadores a los cuales se aplica el criterio fuerte de Pareto y establecer umbrales adecuados[229] [el 'débil' aplica a todos los indicadores], o especificar y explicar si decide proponer otras condiciones diferentes.

## A-VIII.2.3 COSTE DE OPORTUNIDAD Y COMPLETITUD DE LOS MODELOS

Cualquier decisión implica un **coste de oportunidad** que alude a la renuncia a la utilidad que hubieran proporcionado las opciones descartadas, y lo podemos revisar desde dos perspectivas:

La primera es que **elegir una opción siempre imposibilita otras**, lo que se relaciona con la utilización de recursos escasos [recursos económicos, personal, espacio físico,...]. **Al elegir una opción renunciamos a la utilidad que hubieran generado otras opciones que se convierten en *no-posibles*.**

Pero no solo las opciones descartadas en una toma de decisiones se convierten en no posibles. Toda toma de decisión imposibilita otras opciones aparentemente no relacionadas; imposibilidad que puede ocasionarse de maneras diferentes:

- *Directamente,* debido a que sean opciones estrictamente incompatibles con la opción elegida [se refiere a recursos que solo puedan ser asignados a un uso, e.g., un terreno]
- *Indirectamente,* debido a una *escasez de recursos que imposibilita la ejecución de opciones en principio compatibles*, al no disponer de suficientes recursos para ambas [se refiere a recursos escasos que hay que distribuir entre diferentes usos, como por ejemplo, el dinero].

Imagen 13: Madrid Rio. *La ejecución del proyecto ganador del concurso impidió la ejecución de los otros proyectos presentados a dicho concurso que el jurado consideró menos interesantes [i.e.: les asignó menor utilidad]. La calidad del proyecto premiado parece avalada por el gran uso del espacio por los ciudadanos. Sin embargo, el elevado endeudamiento ocasionado por su ejecución al Ayuntamiento también impidió durante varios años ejecutar otros proyectos a cuya utilidad se ha renunciado sin haberse evaluado; la mayoría de su coste de oportunidad ha sido indirecto. El problema del coste de oportunidad indirecto es que suele ser menos 'visible' en el momento de tomar la decisión.*

La racionalidad exige valorar el *coste de oportunidad* implícito en cualquier decisión, lo que puede ser enunciado como una condición restrictiva: *el beneficio máximo de cualquier opción [o combinación de opciones] descartada debe ser menor al beneficio obtenido mediante la opción elegida*[230].

---

[229] Por ejemplo, en el modelo Meta_S [Alvira, 2017a] se establece para todos los indicadores Dimensión y para dos indicadores económicos: el indicador Carga Económica [que garantiza la viabilidad económica de las transformaciones] y el indicador Accesibilidad a Bienes y Servicios [que garantiza que las transformaciones no incrementan la desigualdad]. La aplicación del criterio fuerte a nivel Dimensión se acerca a la perspectiva denominada *sostenibilidad fuerte* puesto que permite muy reducida compensabilidad entre dimensiones.

La segunda es que **en ciertos procesos, si la opción elegida no proporciona el resultado/utilidad esperada, volver atrás puede solo ser posible con un coste muy elevado,** lo que nos lleva a afirmar que *cualquier decisión siempre debe valorar la utilidad de no emprender ninguna acción específica.*

'No intervenir' siempre debe ser incluido como un *curso de acción* posible a valorar, siendo sus efectos el *estado* previsible del SSE según su tendencia [*Escenario Tendencial o Business as Usual*], y en ocasiones será el curso de acción que mayor utilidad reporte.

El coste de oportunidad podrá minimizarse imponiendo la condición de que la opción elegida implique mayor sostenibilidad que cualquier opción [o combinación de opciones] imposibilitada, llevándonos a la importancia de la *completitud* en los procesos de decisión que requerirá evaluar todas las opciones relevantes, i.e.: cualquiera que pueda cambiar el resultado de esa decisión.

Sin embargo, *también el tiempo o personal destinados para revisar los procesos de decisiones son recursos escasos* cuya utilización implica un *coste de oportunidad indirecto* puesto que al emplearlos para analizar un proceso de decisión se dejarán de evaluar otros procesos de decisión.

Como consecuencia, limitar la cantidad de recursos utilizados para los procesos de decisión también será importante, y *un proceso de decisión podrá considerarse suficientemente completo o racional aunque se dejen sin evaluar opciones, si hacerlo requeriría emplear unos recursos cuyo coste de oportunidad se considere superior a la utilidad que podría obtenerse de las opciones no evaluadas[231].*

**La incompletitud será inherente a cualquier toma de decisiones,** que siempre implicará cierta *incertidumbre* no solo acerca de la utilidad real que se obtiene de cada curso de acción, sino también de su coste de oportunidad indirecto[232]. **Y como forma de limitar este último, introducimos** *condiciones restrictivas* **que reducen el** *universo* **de opciones disponibles.**

## A-VIII.2.4    CONDICIONES RESTRICTIVAS

Las decisiones colectivas en los SSE suelen establecer *dos condiciones restrictivas* cuyo objetivo es maximizar la compatibilidad entre opciones y que son -directa o indirectamente- interpretables en términos de *maximización de la eficiencia esperada*:

- **Eficiencia Económica;** asignar bien los recursos económicos posibilita realizar mayor cantidad de opciones; incrementa la utilidad total para una misma cantidad de recursos.
- **Equidad en el Acceso a Bienes;** los bienes y servicios son también escasos, y maximizar su acceso maximizará su eficiencia en creación de utilidad[233].

Vamos a revisar ambas cuestiones.

---

[230] Podemos relacionarlo con la afirmación de Rawls [1971:80]: "un plan racional es aquel que no puede ser mejorado; no existe otro plan que [...] pueda ser preferible"

[231] Esta es la idea subyacente al concepto de Racionalidad Limitada –*Bounded Rationality*- (Simón, 1955)

[232] Es imposible revisar totalmente el coste de oportunidad indirecto de una decisión en un SSE de suficiente entidad, entre otros motivos porque algunas de las otras decisiones que hubieran sido posibles se conocerán en el futuro.

[233] En la actualidad el hecho de que en gran medida la utilización de bienes y servicios implique un impacto ambiental, lleva a que la accesibilidad a bienes y servicios tenga una triple consideración de sostenibilidad económica, social y medioambiental.

## EFICIENCIA ECONÓMICA: EL GRADO DE EFICIENCIA ECONÓMICA

La Eficiencia como condición restrictiva es un criterio clásico del Análisis Coste Beneficio. Emprender una acción supone restringir los recursos para otras acciones posibles, y por tanto las acciones deben ser *económicamente eficientes* para ser *elegibles*, es decir:

$$Efe[I_i] = \frac{B[I_i]}{G[I_i]} > 1 \tag{153}$$

Siendo B_ los beneficios obtenidos de una opción y G_ los recursos económicos utilizados

Sin embargo, la formula clásica de la eficiencia incorpora una indeterminación para su utilización como criterio en la toma de decisiones [Stiglitz, 2000]:

- Por ejemplo, una acción puede aportar un beneficio muy reducido requiriendo unos gastos todavía mucho más reducidos, teniendo así una eficiencia altísima, pese a que prácticamente no modifique el estado del sistema [y por tanto siendo irrelevante como acción].
- Y una acción puede aportar un beneficio muy elevado requiriendo también unos gastos elevados [pero ligeramente inferiores al beneficio], teniendo así una eficiencia reducida, aunque implique una gran mejora del sistema [y siendo por tanto una elección optima].

Podemos resumirlo como que **la eficiencia de una opción no es directamente relacionable con su** *utilidad*:

$$Efe[I_i] \neq f\big[u[I_i]\big] \tag{154}$$

Además la revisión de la eficiencia económica de las decisiones colectivas contrasta con el hecho de que gran parte de la utilidad colectiva en los SSE no es habitualmente valorable económicamente; la contaminación atmosférica, seguridad, accesibilidad, etc... difícilmente pueden expresarse totalmente en términos de beneficio/coste económico[234].

Imagen 14: Central Park. *Una actuación urbana puede llevar a una mejora del medioambiente que incremente la calidad del aire; mejore las corrientes de los ríos o los ciclos de nutrientes, etc... o que simplemente nos permita descansar un rato al mediodía tumbados al sol, todas ellas cuestiones difícilmente expresables en términos monetarios.*

Sin embargo, podremos resolver estas dos cuestiones planteando la Eficiencia Económica en términos de Grado de Eficiencia[235], revisando los beneficios no en términos monetarios sino de utilidad:

---

[234] Aunque existen diferentes metodologías para valorar económicamente beneficios no económicos [como por ejemplo, el impacto de la reducción de ruido en un área urbana], muchas veces no es posible o los métodos de valoración son cuestionables. Y *si una opción incorpora beneficios no monetizables parecerá menos eficiente que otras, pese a que sus beneficios podrían ser iguales o mayores.*

[235] ANEXO IV        LA EFICIENCIA DE LOS SISTEMAS: EFICIENCIA VS GRADO DE EFICIENCIA. Complementariamente, ya hemos indicado que evaluar la eficiencia del sistema en su conjunto nos permite además eliminar el problema de la Paradoja de Jevons.

- considerando S un valor agregado que incluya todos los beneficios [utilidad] de cada acción, lo que nos evitará tener que monetizar beneficios no económicos].
- eliminando la indeterminación al no revisar cada acción individual, sino el estado del sistema una vez que la opción es elegida; i.e.: evaluando la eficiencia del sistema en su conjunto.

$$Efe[I_i]_\% = S[I_i] * RD[I_i]_\% \rightarrow Efe[I_i]_\% = u[I_i] \qquad (155)$$

Siendo S[I] el Grado de Sostenibilidad y RD[I] el grado de recursos disponibles[236]

Y de esta forma la condición puede reformularse como que *una opción podrá considerarse 'elegible' si y solo si mantiene o incrementa el Grado de Eficiencia Económica del SSE:*

$$\Delta Efe[I_i]_\% \geq 0 \qquad (156)$$

La fórmula anterior deberá desarrollarse de diferente manera según el tipo de SSE evaluado.

## EQUIDAD EN EL ACCESO A BIENES Y SERVICIOS

Existe un acuerdo mayoritario en que las decisiones públicas en los SSE deben buscar la mejor **Accesibilidad posible a bienes y servicios para sus integrantes**, y se suele relacionar con dos cuestiones:

La primera son las **características y oferta del SSE**, que determinan los bienes y servicios a los que cualquier persona puede *teóricamente acceder*. Se relaciona con los aspectos incluidos en las descomposiciones lógicas de los propios modelos de cuantificación, y por tanto ya estarán contabilizadas para la determinación del valor global S, no siendo necesario desarrollar ninguna de ellas como condición restrictiva independiente[237].

La segunda es la **distribución del ingreso,** que determina los bienes y servicios a los que cada persona concreta dentro de dicho SSE puede acceder, y se relaciona con la *Equidad como medida del grado en que los integrantes del SSE tienen igualdad de condiciones en el acceso a los bienes y servicios*[238]. A diferencia de las características del medio, en la cuestión de la distribución del ingreso existe cierto debate no resuelto, y vamos a aportar algunas ideas desde la perspectiva de sostenibilidad:

*Acercamiento 1_ eficiencia en la creación de utilidad individual*
La permanencia en el tiempo de los SSE requiere la voluntad de sus integrantes de sostenerlos, y al ser decisores racionales, dicha voluntad irá determinada por los niveles de utilidad que obtengan de dicho SSE en comparación con otros SSE posibles [accesibles].

---

[236] Dado que la estructura financiera actual permite a los SSE endeudarse muchísimo (equivalente a operar en base a expectativas de recursos económicos futuros), en Alvira, 2017a proponemos que lo recursos económicos de una sociedad lo constituyen su Capacidad de Endeudamiento.

[237] Si nos referimos a un país o una ciudad, son las cuestiones que habitualmente englobamos en el término *Calidad de Vida*. En relación al medio urbano, ver p. ej. el modelo Meta[s] en 6.2    MODELOS OPERATIVOS ORIENTADOS A LA TOMA DE DECISIONES PÚBLICAS

[238] Que estará muy vinculada a la Distribución del Ingreso, pero que no solo se referirá a cuestiones físicas, sino a "todos los valores sociales; libertad, oportunidad, ingreso y riqueza, y las bases sociales de la autoestima" [Rawls, 1971:54]

Aparece por tanto una vinculación entre sostenibilidad del SSE y *deseabilidad* de dicho SSE como 'entorno' por parte de sus integrantes, y con ello la sostenibilidad [utilidad colectiva] del SSE se vincula a la utilidad individual; *'la sostenibilidad de un SSE requerirá que sea capaz de proporcionar a sus integrantes al menos tanta utilidad como los otros SSE accesibles'*[239].

Pero además, hemos visto que la sostenibilidad es un estado de eficiencia creciente, que se relaciona con la innovación y la creatividad. Y la realidad nos demuestra que los SSE con mayor nivel de innovación son aquellos que poseen elevada deseabilidad; es decir, que atraen [o retienen] a personas con mayor creatividad y talento.

**En un mundo globalizado, cualquier SSE puede ser una *opción posible* para una persona con suficiente talento y creatividad, y la maximización de la utilidad individual que cada SSE ofrece a sus integrantes se convierte en una necesidad de su propia evolución.**

Incrementar dicha utilidad individual se incorpora por tanto como *condición de racionalidad* en los procesos de decisión colectiva de cualquier SSE, y podremos revisarla en términos de eficiencia[240].

$$Efe[I] = \frac{\sum U_i}{C} \qquad (157)$$

Siendo $C_{\_}$ un indicador agregado de los bienes y servicios disponibles en el nivel ciudad y $\sum U_{i\_}$ el sumatorio de todas las utilidades individuales obtenidas por sus integrantes.

Si tenemos en cuenta que los bienes y servicios totales en los SSE siempre serán una cantidad finita, la marginalidad decreciente de la utilidad implica que la cantidad de utilidad que recibe el conjunto de los integrantes de un SSE se maximizará cuando la distribución del acceso a los mismos tienda a la equidad; es decir a la igualdad de oportunidades en su utilización y disfrute.

Y la distribución del ingreso adquiere importancia porque el dinero determina en gran medida la accesibilidad a bienes y servicios. *El ingreso posibilita acceder a la utilidad que los bienes y servicios proveen* y para cualquier cantidad total de bienes y servicios [o utilidad total disponible] en un SSE, se podrá maximizar la utilidad individual fomentando una distribución del ingreso que maximice su *accesibilidad*, es decir, mediante una distribución del ingreso más o menos igualitaria[241].

*Acercamiento 2_ maximización de la utilidad total en un SSE: incentivos, jerarquía y diferenciación*
Desde la perspectiva individual, la utilidad parece maximizarse para una distribución del ingreso totalmente igualitaria; sin embargo esto *choca* con ciertas necesidades del sistema en su conjunto:

---

[239] Esto explica las barreras a la inmigración que imponen los países desarrollados [como SSE con mayores niveles de utilidad] a los países subdesarrollados; *el comportamiento racional de los habitantes de estos últimos les lleva a emigrar hacia los países desarrollados*. Las barreras a la inmigración limitan los SSE accesibles, y permiten entender porque algunos SSE con mínimos niveles de deseabilidad pueden perdurar en el tiempo; sus habitantes disponen de menos *Entornos accesibles*.

[240] El coste de oportunidad de las decisiones colectivas requerirá maximizar la eficiencia en la creación de utilidad como *deseabilidad* individual generada por la utilización de los recursos escasos, y los bienes y servicios en los SSE son escasos.

[241] La intercambiabilidad del dinero por bienes o servicios permitirá considerarlo un indicador de *acceso a dichos bienes y servicios* y "la regla para la distribución más eficiente de cualquier ingreso será distribuirlo en partes iguales" [Lerner, 1978: 60].

La primera es que **los SSE implican [y requieren] jerarquía y diferenciación** que debe reflejarse en su estructura de distribución de poder e ingreso. La organización de la sociedad en niveles de diferente *responsabilidad* [diferente esfuerzo individual] debe relacionarse con niveles de renta [utilidad][242].

La segunda es que **es imposible que la máxima utilidad en un sistema corresponda a la total equidistribución del ingreso.** No todas las personas necesitan los mismos bienes o servicios [y diferentes bienes o servicios suelen tener diferente coste], y por tanto algunas personas necesitan más dinero que otras para obtener una cantidad de utilidad similar[243].

Un reparto totalmente igualitario del ingreso solo podría ser la situación que produjera la máxima suma posible de utilidad individual si no existiera diferenciación entre los miembros del sistema; i.e.: si todos fueran iguales e hicieran las mismas cosas. Pero en los SSE la diferenciación se relaciona con la resiliencia, la oferta de bienes y servicios, y la creatividad; *la diferenciación genera utilidad y sostenibilidad.*

Y la tercera es que **el reparto igualitario de toda la riqueza podría suponer un freno al desarrollo de iniciativas individuales motivadas por el incentivo económico, que** *generan utilidad*, es decir, incrementan la utilidad total en el sistema[244].

Por tanto, el análisis de la maximización de la utilidad confirma que **una situación de** *total equidistribución* **no puede corresponderse con el** *estado óptimo* **de los SSE:**

- estaría ignorando la diferenciación entre necesidades y capacidades de las personas; impediría la diferenciación y llevaría a una simplificación de los sistemas.
- seria ineficiente; no estaría valorando el diferente nivel de responsabilidad [y esfuerzo] de las personas o su capacidad de creación de utilidad colectiva.
- anularía los incentivos a las iniciativas individuales, pudiendo impedir el incremento de eficiencia constante necesario para la sostenibilidad.

La situación de máxima sostenibilidad de los SSE va a requerir la existencia de cierta desigualdad, cuyo valor óptimo será necesario establecer:

- La *concentración del ingreso* debe ser suficiente para permitir la existencia de incentivos y diferenciación.
- La *distribución del ingreso* debe ser suficiente para posibilitar un acceso de sus integrantes a los bienes y servicios considerados suficientes para una *vida deseable*.

Requerirá por tanto *determinar el estado óptimo de equilibrio entre equidad y diferenciación que maximice la utilidad total,* convirtiendo a S en una función social del bienestar.

---

[242] "La igualdad en la distribución de la Renta entre unidades económicas desiguales, o la desigualdad entre unidades económicas idénticas, son fuentes seguras de ineficiencia económica e injusticias sociales" [Dagum, 2004: 25]

[243] Por ejemplo, un profesional del baloncesto no requerirá invertir en material el mismo dinero que un violinista; aunque ambos lo utilizarán para su *trabajo* [al cual podemos asignar una cantidad de utilidad a priori "similar"]

[244] Los incentivos requieren que exista la diferenciación [i.e.: desigualdad] y pueden ser la razón de aportaciones individuales que benefician al conjunto del SSE "habría menos producción de utilidad si no existieran incentivos al trabajo y a la eficiencia" [Lerner, 1978:60]

Como referencia se suele considerar que un valor del Coeficiente de Gini en torno a 0.20/0.25 implica una situación óptima, mientras que un valor de Gini superior a 0.60/0.65 implica una situación pésima en cuanto a Equidad [ambos límites se basan en datos de países existentes][245].

Es interesante indicar que el criterio de *mejora de Pareto* en términos de distribución del ingreso no es aceptable para la sostenibilidad de los SSE. La distribución del dinero implica una *distribución de poder*, y la condición de *mejora de Pareto* no solo impediría la redistribución, sino prácticamente cualquier modificación del sistema. Pero esto es algo que solo sería aceptable si un SSE estuviera en su estado óptimo, y además puede ser imposible dada la naturaleza evolutiva de los SSE.

Complementariamente a las dos condiciones restrictivas revisadas, las acciones públicas suelen incorporar una tercera condición, que se materializa en forma de asignación de un presupuesto económico limitado, lo que permite reservar recursos económicos para otras actuaciones posibles.

---

[245] Es importante destacar que el significado de la desigualdad medida con el Coeficiente de Gini nos lleva a utilizar funciones no lineales para transformarlo en un indicador de sostenibilidad [ver Alvira, 2017b]

www.ingramcontent.com/pod-product-compliance
Lightning Source LLC
Chambersburg PA
CBHW080243180526
45167CB00006B/2400